江苏省农业农村厅　组编

江苏省新型职业农民培育系列教材

草莓优质高效栽培技术

（第二版）

主　编　陆爱华　周　军

副主编　赵密珍　高红胜　吉沐祥

　　　　杨金明　糜　林

编写人员（按姓名笔画排序）

　　　　马　文　马秀玲　吉沐祥

　　　　杨金明　陆爱华　陈宗元

　　　　周　军　赵密珍　顾鲁同

　　　　钱亚明　高红胜　蔡伟建

　　　　廖开志　糜　林

U0363682

江苏凤凰科学技术出版社

图书在版编目（CIP）数据

草莓优质高效栽培技术 / 陆爱华等主编. -- 2版
. -- 南京 :江苏凤凰科学技术出版社，2019.5（2024.4重印）
江苏省新型职业农民培育系列教材
ISBN 978-7-5537-9435-8

Ⅰ．①草… Ⅱ．①陆… Ⅲ．①草莓－果树园艺－技术
培训－教材 Ⅳ．①S668.4

中国版本图书馆CIP数据核字（2018）第160896号

江苏省新型职业农民培育系列教材
草莓优质高效栽培技术（第二版）

主　　　编	陆爱华　周　军	
责 任 编 辑	张小平　沈燕燕	
责 任 校 对	仲　敏	
责 任 监 制	刘文洋	

出 版 发 行	江苏凤凰科学技术出版社
出版社地址	南京市湖南路1号A楼，邮编：210009
出版社网址	http://www.pspress.cn
照　　　排	江苏凤凰制版有限公司
印　　　刷	江苏苏中印刷有限公司

开　　　本	880 mm×1 240 mm　1/32
印　　　张	5
字　　　数	130 000
版　　　次	2019年5月第2版
印　　　次	2024年4月第2次印刷

标 准 书 号	ISBN 978-7-5537-9435-8
定　　　价	30.00元

前 言

　　乡村振兴，人才是基石。习近平总书记指出，要推动乡村人才振兴，把人力资本开发放在首要位置，强化乡村振兴人才支撑。加快培育新型农业经营主体，让愿意留在乡村、建设家乡的人留得安心，让愿意上山下乡、回报乡村的人更有信心，激励各类人才在农村广阔天地大施所能、大展才华、大显身手，打造一支强大的乡村振兴人才队伍，在乡村形成人才、土地、资金、产业汇聚的良性循环。

　　近年来，江苏省全面开展新型职业农民培育，通过就地培养、吸引提升等方式，分层分类培育新型职业农民，加快建设一支数量充足、结构合理、素质优良的新型职业农民队伍，破解乡村人才难题。当前是江苏省推动农业农村高质量发展、实施乡村振兴战略的重要时期，新型职业农民作为建设现代农业的主导力量，需要不断学习有关知识技能，提高综合素质、生产水平和经营能力。

　　为配合新型职业农民培育工程的实施，江苏省农业农村厅在注重农民培训教材规划的基础上，注重贴近实际、紧跟产业需求，组织编写了该系列农民培训教材。本系列教材注重实用性，突出操作性，强化图片比例，增强阅读吸引力，通俗易懂，适合新型职业农民等各类新型农业经营主体使用。希望通过这套系列教材出版发行，进一步提升职业农民综合素质、生产技能和经营能力，壮大有文化、懂技术、善经营、会管理的新型职业农民队伍，让农民真正成为有吸引力的职业，让农业成为有奔头的产业，让农村成为安居乐业的美好家园。

编委会

目 录

第一章
草莓主要品种

 要点提示

　　草莓品种资源类型丰富，全世界有2 000多份，我国有400份左右。各品种的生长习性有很大不同，如花芽分化、开花结实对温度、光照的要求品种间差异很大，因此，在选择品种时，应根据当地的气候条件、栽培设施条件以及栽培目的等进行选择。引进新品种前需要先了解品种的亲本来源和特性、是否已有较大面积栽培成功的例子、目标市场的接受与否、品种的优缺点，根据品种特性应用相应的栽培模式，良种良法配套，才能取得更好的效益。

第一节　促成栽培品种

1. 宁玉

　　（1）品种来源　江苏省农业科学院园艺研究所以'章姬'与'幸香'为杂交亲本选育而成。

　　（2）特征特性　果实圆锥形，红色，光泽强，果个均匀；风味甜，香味浓，硬度较好，耐贮运。株形半直立，匍匐茎抽生能力强，极早熟。该品种育苗易，抗热、抗寒性强，抗炭疽病、白粉病（图1-1）。丰产，亩产2 000 kg以上。

行家指点

'宁玉'花芽分化早，耐低温性能强，适宜各地大棚、温室等设施促成栽培。由于该品种繁苗系数高，繁苗时种株不能太密，以每亩400～500株为宜。根据苗情进行肥水管理，每亩生产

图1-1　宁玉

苗控制在4万～5万。尽管'宁玉'抗炭疽病较强，但在育苗期也要注意炭疽病的防控。'宁玉'极丰产，养分需求量大，因此基肥要施足，每亩3 000～5 000 kg腐熟鸡粪、100 kg菜籽（豆）饼、50 kg过磷酸钙，此外，追肥以高钾肥为主。采果期控制水分，有利于品质的提高。严寒期棚内温度要控制好，促进植株生长。

2. 宁丰

（1）品种来源　江苏省农业科学院园艺研究所以'丰香'与'达赛莱克特'为亲本杂交选育而成。

（2）特征特性　果实长圆锥形，果面平整，果色红；风味甜，可溶性固形物含量9.8%，硬度中等，较耐贮运；果大丰产，果个均匀。植株生长势强，半直立；花序分歧节位低，分歧少。该品种育苗易，耐热、耐寒，抗炭疽病、白粉病（图1-2）。

图1-2　宁丰

行家指点

'宁丰'早熟,适合各地大棚、温室等设施促成栽培。在育苗高温期,用遮阳网遮阳降温有利于子苗生长,培育壮苗。基肥施足(参考'宁玉'的施肥量),冬季夜间棚温最好高于5 ℃。

3. 红颊

(1)品种来源 日本静冈县农业试验场以'章姬'与'幸香'为亲本杂交选育而成。

(2)特征特性 果实圆
锥形,整齐,光泽强;果面
红色,酸甜适中,香味浓,果
肉细,风味佳,可溶性固形物
含量10%以上;果实硬度佳,
耐贮运。早熟,平均单果重
13～16 g。植株生长势强,直立
高大。该品种不耐高温,育苗
难,不抗炭疽病、白粉病等病
害,不抗蚜虫、红蜘蛛等虫害(图1-3)。

图1-3 红颊

行家指点

'红颊'适合大棚、温室等设施促成栽培。育苗和生产时,加强对炭疽病、白粉病、灰霉病、红蜘蛛等病虫害的监控和防治。可选用避雨遮阴育苗措施,苗间距不能过密,否则往往引起植株徒长,只开花、果实不膨大。因此,该品种对栽培技术要求较高,对于栽培水平低的种植者以及新种植者,要谨慎栽种。

4. 章姬

（1）品种来源　日本静冈县民间育种家荻原章弘以'久能早生'与'女峰'为亲本杂交选育而成。

（2）特征特性　果实长圆锥形，果形端正整齐，畸形果少；果色鲜红，果肉较软，甜度高，可溶性固形物含量11%～14%；平均单果重15～20 g。早熟。植株高大，生长势旺，株形直立，叶片长圆形，大；花轴长。该品种耐寒性强，不抗炭疽病、白粉病，不抗红蜘蛛（图1-4）。

图1-4　章姬

行家指点

'章姬'适合各地大棚、温室等设施促成栽培生产。其果实偏软，适合近郊观光采摘。花序梗较长，不需要使用赤霉素对花轴进行拉长处理。耐热性差，易感炭疽病，繁苗时可选用遮阴避雨育苗，并加强炭疽病、白粉病与灰霉病的防治。

5. 太空2008

（1）品种来源　北京郁金香生物技术有限责任公司采用'卡姆罗莎'种子，经太空辐射后选择，与'枥乙女'杂交培育的新品种。

（2）特征特性　果实较大，多为长圆锥形和长楔形，硬度中等，果皮韧性好，耐运输性与美国品种'甜查理'相当，好于日本品种'红颊'；甜度高于'甜查理'，略低于'红颊'。株形紧凑，叶片中大，椭圆形，叶色深绿。花大，花柄粗硬直立，花粉多，自花结实率强。每一花序一般开花5～6朵，冬季日光温室种植连续结果能力较强，冬季生产期间不抽生匍匐茎，疏花疏果量小。一般单果重20～40 g，最大单果重89 g，平均单果重超过美国'卡姆罗莎'草莓品种。该品种抗白粉病，高抗灰霉病，夏季繁殖抗炭疽病，匍匐茎繁殖能力较强（图1-5）。

图1-5　太空2008

行家指点

　　引种'太空2008'时要注意几个问题：

　　①定植时间不可太早。'太空2008'是中晚熟品种，定植时间要适当推迟，以完成花芽分化，以8月下旬到9月初为宜。

　　②栽植密度要稀。因植株个体较大，每亩定植8 000株左右。

　　③疏果增产。第一花序的第一朵花应该疏去，可促使植株提早产生分株，从而保证连续结果。

6. 宁露

（1）品种来源　江苏省农业科学院园艺研究所以'幸香'与'章姬'为亲本杂交选育而成。

（2）特征特性　果实圆锥形，红色，光泽强，果面平整，外观整齐；风味佳，味甜、香浓，可溶性固形物含量10.3%。极早熟，果大丰产，果个均匀，平均单果重15.1 g。该品种抗热、抗寒性强，育苗易，抗炭疽病、白粉病（图1-6）。

图1-6　宁露

行家指点

'宁露'早熟，适合各地大棚、温室等设施促成栽培。栽培时施足基肥，并适时追肥，以避免植株营养不足而衰弱。注意棚内透光，避免果实着色不良。

7. 丰香

（1）品种来源　日本农林水产省蔬菜茶叶试验场以'绯美子'与'春香'为亲本杂交选育而成。

（2）特征特性　果实圆锥形，果面鲜红；果肉淡红，汁多肉细，富有香味，风味甜酸适中，其可溶性固形物含量8%～13%；果肉较硬，耐贮运。早熟丰产。株形开张，叶近圆形。该品种耐热性较强，育苗易，不抗白粉病（图1-7）。

图1-7　丰香

行家指点

‘丰香’在各地均可进行大棚、温室等设施促成栽培。该品种极不抗白粉病，注意监控和防治白粉病；遇低温易矮化，冬季注意棚内保温，防止植株矮化停止生长。

8. 佐贺清香

（1）品种来源　日本佐贺县农业综合试验场以‘大锦’与‘丰香’为亲本杂交选育而成。

（2）特征特性　果实圆锥形，整齐，果面平整，商品果率高；果实酸甜适口，有香味，可溶性固形物含量8.0%～11.0%；耐贮运。早熟丰产。株形较开张，植株生长势强。该品种耐寒性较‘丰香’强，冬季矮化程度轻，育苗易，较抗白粉病、炭疽病（图1-8）。

图1-8　佐贺清香

行家指点

‘佐贺清香’适合大棚、温室等设施促成栽培。因该品种果实发育需要温度比一般品种高，因此严寒期要保持棚内温度，避免影响果实着色。

9. 枥木少女

（1）品种来源 日本枥木县农业试验场枥木分场以'久留米49号'与'枥峰'杂交选育而成。

（2）特征特性 果实圆锥形；香味浓，可溶性固形物含量高，果皮、果肉硬，耐贮性好。植株生长势较强，较直立，叶圆形。该品种耐高温能力差，不抗炭疽病、白粉病（图1-9）。

图1-9 枥木少女

行家指点

'枥木少女'适宜大棚、温室等设施促成栽培。育苗期不耐高温，抗病性较差，应采取一定的降温和防病措施。苗期控制氮肥施用，防治叶斑病、炭疽病发生。冬季棚内温度要适当高些，利于蜜蜂的放养，以防畸形果实的发生。

10. 明宝

（1）品种来源 日本兵库县农业试验场以'春香'与'宝交早生'为亲本杂交选育而成。

（2）特征特性 果实短圆锥形，中等大，果面鲜红；果肉白色松软；果实耐贮性差；汁液多，风味甜；平均单果重11 g。植株生长势中等，株形较直立；叶长圆形，柔软。该种抗寒性强，抗灰霉病、白粉病、炭疽病（图1-10）。

图1-10 明宝

行家指点

'明宝'适合大棚、温室等设施促成栽培。该品种抗病性、适应性强，容易栽培，曾在江苏句容、东海发展面积较大，近年来由于成熟早、品质更优的品种出现，种植面积逐年下降。该品种果实不耐贮运，应适时采收，根据当地的市场需求，酌情发展。

11. 甜查理

（1）品种来源　美国佛罗里达大学海岸研究和教育中心以'FL80-456'与'派扎罗'为亲本杂交选育而成。

（2）特征特性　果实圆锥形，果面深红色、有光泽；果肉粉红色，可溶性固形物含量8.9%；硬度大、耐贮运；果大均匀，平均单果重20 g以上；丰产性优。植株健壮，生长势强，株形较紧凑；花序无分歧。该品种育苗易，抗病性好，高抗灰霉病和白粉病（图1-11）。

图1-11　甜查理

行家指点

'甜查理'适合大棚、温室等设施促成栽培、半促成栽培。该品种低温下受精不良，畸形果多，严寒时期注意夜间保温；产量高，应注意肥水供应，防止植株过早衰老。该品种在阴雨天较多的地区风味较差，发展时应结合当地的市场需求。

12. 益香

（1）品种来源　江苏丘陵地区镇江农业科学研究所从日本引进株系选育而成。

（2）特征特性　果实短圆锥形或圆锥形，果形大而整齐，果色鲜红光亮，畸形果少；果肉白色，肉质细腻，香味较浓，甜而微酸；平均单果重15 g以上，一级序果单果重20～30 g；果实硬度适中，耐贮性一般。果实成熟期较晚。该品种生长势较强，植株健壮；抽生匍匐茎能力较强，繁苗易；抗病性中等（图1-12）。

图1-12　益香

行家指点

　　'益香'适宜大棚、温室等设施促成栽培。苗期注意"前促、后控"，梅雨期尽早发苗，重视补肥，8月上旬达到足够苗数，8月中旬后控制肥水，使苗矮壮。该品种成熟期较晚，通过假植、断根、遮光、摘老叶和控氮等综合措施，力争使花芽提早分化。

13. 幸香

（1）品种来源　日本蔬菜茶叶试验场久留米分场以'丰香'与'爱莓'为亲本杂交选育而成。

（2）特征特性　果实圆锥形或长圆锥形，果形较整齐，果面红色至深红色，有光泽，外形美观；果肉浅红色，香味稍淡，肉质细腻，味道较浓，可溶性固形物含量10%～15%，维生素C含量高，每100 g果肉含维生素C 70 mg以上；果实硬度比'丰香'大20%左右；平均单果重10～14 g，最大果重30 g，与'丰香'相近。中熟，成熟期晚于'丰香'。植株生长势中等，半直立，生长健壮；叶片小，长圆形，比'丰香'厚，色浓绿；匍匐茎与子苗的发生量较'丰香'多（图1-13）。

图1-13　幸香

行家指点

'幸香'适宜大棚、温室等设施促成栽培。初期的腋芽发生较多，不摘除的话，后期收获时，果实偏小，因此，着果初期要控制腋芽数。由于植株较易感染炭疽病和白粉病，在栽植时，应加强对这两种病害的监控和防治。由于'幸香'叶片较小，且植株较直立，因此可适当密植。保温不宜过早，否则易使花芽分化停止，而形成匍匐茎。'幸香'打破休眠所需5℃以下的低温量为150～200小时，比'丰香'稍长。

14. 久香

（1）品种来源 上海市农业科学院林木果树研究所以'久能早生'和'丰香'为亲本杂交选育而成。

（2）特征特性 果实圆锥形，较大，一、二级序果平均单果重21.6 g，整齐；果面橙红色，富有光泽，着色一致，表面平整；种子密度中等，分布均匀，红色，稍凹入果面；果肉红色，髓心浅红色，无空洞，肉质细腻，质地脆硬；汁液中等，甜酸适中，香味浓，设施栽培可溶性固形物含量9.6%～12.0%，露地栽培平均为8.6%。植株生长势强，株形紧凑；花序高于或平于叶面，每株4～6序，每序7～12朵花；匍匐茎4月中旬开始抽生，有分歧，抽生量多。该品种对白粉病和灰霉病的抗性均强于'丰香'。

行家指点

'久香'适宜大棚促成栽培。高效、优质栽培产量宜控制在每亩1 500 kg，株形紧凑可密植，促成栽培8 000～10 000株/亩。在南方地区尤其长江流域栽培，繁苗期需要适当控水，定植前需注意茶黄蓟马的防治。

第二节　半促成栽培品种

1. 硕香

（1）品种来源　江苏省农业科学院园艺研究所以'硕丰'与'春香'为亲本杂交选育而成。

（2）特征特性　果实短圆锥形，商品果率高；果面平整，果色红，光泽强，果形大，一、二级序果平均单果重17~18 g；肉质细腻，风味甜，可溶性固形物含量10%~11%；果实较硬，耐贮运。植株生长势强，株形直立；丰产性能好；耐热性强；较抗灰霉病、炭疽病（图1-14）。

图1-14　硕香

行家指点
'硕香'适合大棚等设施半促成栽培。加强对叶斑病的防治。

2. 弗吉尼亚

（1）品种来源　亲本不详，1993年由西班牙引进。

（2）特征特性　果实圆锥形或楔形，较整齐，果面有棱沟；果实较大，一、二级序果平均单果重16.5 g；果面深红色，光泽强，果肉深红色；髓心大，无空洞；肉质韧，稍有香味，味甜酸适中；果实硬度好，耐贮运。种子分布均匀，微陷于果面，黄红色；果实着色由果尖开始，成熟后深红色，可溶性固形物含量8.9%。适宜鲜食与加工。植株生长势强，株形为中间型；叶片近圆形，叶色黄绿，光泽中等；每株有花序2个，花序斜生，低于叶面（图1-15）。

行家指点

'弗吉尼亚'适宜促成、半促成栽培。在我国北方辽宁、吉林有少量栽培。在北方温室栽培，花序多、花量大，从现蕾期开始，到第一朵花开放之前，要及时疏除高级次（即花序顶部，低级次为花序基部）的花蕾，若确实来不及疏花则要及时疏果，把发育不正常的幼果、病果、虫果、畸形果疏除，使每个花序保留4～5个果。要及时除去结过果的花序和老叶，降低营养消耗，增强通风透光。

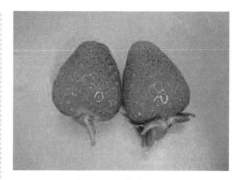

图1-15 弗吉尼亚

3.春星

（1）品种来源 河北省农林科学院石家庄果树研究所以'183-2'与'全明星'为亲本杂交选育而成。

（2）特征特性 果实圆锥形或楔形，暗红色，果面平整有光泽；种子黄绿色，稍有红色，平或微凹入果面；果肉橙红色，髓心稍空；果肉质地细腻，汁液多，味甜酸，香味淡，硬度中等，可溶性固形物含量平均达8.0%；品质上等。适宜鲜食。晚熟品种。植株生长势健壮，株形较开张；叶片近圆形，黄绿色。该品种抗逆性较好，繁苗能力强，耐高温；抗炭疽病中等，不抗蛇眼病（图1-16）。

图1-16 春星

行家指点

'春星'适宜露地、半促成栽培，生长势极强，繁殖力强，适当稀植，要及时摘除匍匐茎、无效花和无效果。定植前施足底肥，生长季加强肥水管理，注意防治蛇眼病。

4. 硕丰

（1）品种来源　江苏省农业科学院园艺研究所从'MDSU4484'和'MDSU4493'杂交后代中选育而得。

（2）特征特性　果实短圆锥形，果面橙红色，鲜艳；果肉红色，肉质紧密，髓部小，无空洞，红色，风味甜酸浓，可溶性固形物含量10%~11%；果实大，整齐，平均单果重15~20 g，最大果重50 g；种子黄绿色，分布均匀，平嵌或稍凸果面；果实坚韧、硬度大，耐贮性好。既适宜鲜食，又适于加工和速冻。植株生长势强，矮而粗壮，株态直立，株冠大；叶片厚，中等大小，圆状扇形，深绿色，有光泽；每株通常着生3个花序，每序上平均着花8~9朵。该品种对灰霉病、炭疽病具有较强的抗性，对叶斑病、叶灼病的抗性均优于'宝交早生'，耐热性强（图1-17）。

图1-17　硕丰

行家指点

'硕丰'适宜露地栽培、半促成栽培。栽植密度要适中，宜起垄定植，每亩需要栽种草莓苗8 000株左右。为了提高产量，促进早熟，改善果实品质，'硕丰'在采用半促成栽培时应尽可能早覆盖地膜。

5. 宝交早生

（1）品种来源　日本兵库县农业试验场以'八云'和'达娜'为亲本杂交选育而成。20世纪80年代引入我国。

（2）特征特性　果实圆锥形，鲜红亮丽，果面平整，有光泽；平均单果重17.5 g，最大果重33.0 g；果肉黄色，完熟后为红色，髓心空，肉质细软，果汁多，酸甜适度，有香味，可溶性固形物含量9.6% ~ 10.0%，丰产。早熟品种，主要用于鲜食和加工。生长势中等，株形较开张；叶片中等大，长圆形，叶色绿，叶面平展光滑，每株一般着生3个花序，每序花6 ~ 8朵；匍匐茎抽生能力中等。该品种对土壤适应性较强，抗病性中等（图1-18）。

图1-18　宝交早生

行家指点

'宝交早生'适宜塑料大棚半促成栽培或露地栽培。半促成栽培过程中，当一、二级序花开放时进行适当疏花（果），使每株每序留花（果）7 ~ 9朵（个），同时，植株保留4 ~ 5片叶，茎粗达1 cm，有利于早熟、优质、增产。半促成栽培时，可以适当提前覆盖黑（灰）色地膜，不但可以保湿，促进植株吸肥，而且可以有效控制田间杂草的滋生，使果实提早采摘上市。

第三节　露地栽培品种

1. 北辉

（1）品种来源　日本蔬菜茶叶试验场盛冈分场以'胭脂姑娘'和'Pajaro'为亲本杂交选育而成。

（2）特征特性　果实圆锥形，整齐度中，果面平整，深红色，光泽强，果肉深红色，髓心大，空洞小，肉质韧，香味浓，味甜，可溶性固形物含量达9.7%；果中大；果实硬度好，耐贮运。晚熟品种。植株健壮，株形为中间型；叶片近圆形，边向上，叶色绿，叶缘锯齿钝，叶柄粗壮有茸毛；每株有花序3个，花序斜生，低于叶面。低温需求量1 000～1 200小时。

行家指点

　　'北辉'适宜露地栽培。花芽分化前要降低植株体内的氮素水平，适当提高碳氮比，促进花芽分化。及时摘去老叶，做好灰霉病的防治工作。

2. 常得乐

（1）品种来源　美国加州大学以'Douglas'和'Cal72.361-105（C55）'为亲本杂交选育而成。

（2）特征特性　果实长圆锥形至长平楔形，果实大，果面红色至深红色，有光泽，果肉红色；髓心中等大，无空洞；肉质韧，无香味，味甜酸适中，可溶性固形物含量6.3%；果实硬度好，耐贮运。适宜加工。植株生长势强，株形半直立；叶片近圆形，边向上，叶色黄绿，有光泽，叶缘锯齿钝；每株有花序2～3个，花序斜生，低于叶面（图1-19）。

图1-19　常得乐

行家指点

　　'常得乐'适宜露地栽培。花芽分化前要降低植株体内的氮素水平，保持叶色黄绿，适当提高碳氮比，促进花芽分化。及时摘去老叶，做好灰霉病的防治工作。

3. 达赛莱克特

（1）品种来源 法国达鹏种苗公司以'派克'与'爱尔桑塔'为亲本杂交选育而成。

（2）特征特性 果实圆锥形，果形端正、整齐；果大，一级序果平均单果重22～30 g；果面红色，具光泽，果肉红色；髓心中等大，空洞小；肉质韧，味甜酸适中，可溶性固形物含量6.7%～9%；果实硬度好，耐贮运。适宜鲜食与加工。植株生长势强，株形较直立；叶片近圆形，叶色绿，有光泽，叶缘锯齿钝；每株有花序1～2个，花序斜生，低于叶面。早中熟品种，休眠期较'全明星'短，较'丰香'长，在同一温室内栽培较'全明星'早熟10～20天，较'丰香'晚熟10～20天（图1-20）。

图1-20 达赛莱克特

行家指点

'达赛莱克特'适宜半促成、露地栽培。在南方种植，最好在冷凉地区培育好壮苗，才能获得高产。在北方种植，一般在8月中下旬至9月上旬栽植，栽植过晚，秧苗不壮，花芽分化少，影响草莓的产量和质量。

4. 哈尼

（1）品种来源 美国纽约州农业试验站以'Vibrant'和'Holiday'为亲本杂交选育而成。

（2）特征特性 果实圆锥形，较整齐，鲜红至紫红色，有光泽，并有纵棱；果肉橘红色，硬度大，髓部空，味甜酸，略有香味，可溶性固形物含量8.5%；种子黄绿色，中等大，分布中等，陷入果面中深；一级序果熟期集中，果个中大均匀，平均单果重20 g，最大果重35 g。中熟品种，是深加工和速冻出口优良品种。植株生长势较强，株形半开张，株高中等紧凑；叶片椭圆形，叶色深绿，较厚，叶片光滑，质地硬，茸毛多；每株有花序2～3个，每序着生花6～11朵，花序为二歧分枝，低于叶面；匍匐茎发生早，繁殖力高，每株抽生匍匐茎20个，适应性强。该品种对叶斑病、病毒病等抗性较强（图1-21）。

图1-21 哈尼

行家指点

'哈尼'适宜露地栽培。要加强对黄萎病的监控及防治。

5. 卡麦罗莎

（1）品种来源 美国加利福尼亚州，以'道格拉斯'与'CAL85.218-605'为亲本杂交选育而成。

（2）特征特性 果实长圆锥或楔状，大，果面光滑平整，种子略凹陷果面；果色鲜红并有蜡质光泽，肉红色，质地细密，硬度好，耐运贮；口味甜酸，可溶性固形物含量9%以上。丰产性强，一级序果平均重22 g，是鲜食和深加工兼用的优良草莓品种。植株生长势旺健，株形半开张；叶片中大，近圆形，叶色浓绿有光泽；匍匐茎抽生能力强，根系发达。该品种抗白粉病和灰霉病性能中等，休眠期浅（图1-22）。

图1-22 卡麦罗莎

行家指点

'卡麦罗莎'适宜北方温室设施促成栽培或露地栽培。由于该品种植株生长势较旺,因此栽植密度不应过大。另外,该品种对温度要求相对较高,一般在扣棚后,白天温度保持在20～25 ℃,夜间温度以8～10 ℃为宜,并应及时通风,以降低棚内湿度,同时增加棚内二氧化碳的含量。为防止白粉病和灰霉病的发生,与所有品种一样,注意苗圃地的清洁很有必要。

6. 马歇尔

（1）品种来源　美国品种,从偶然实生苗中选出。

（2）特征特性　果实近圆球形,较整齐;果面平整、粉红色,种子凹入果面;果肉浅红色,髓心小,白色,果肉细软,甜酸适中,可溶性固形物含量8.5%,有少量香味,汁液多;果蒂易去除;平均单果重7.8 g,丰产性好。植株生长势中等,株形较开张,叶片较小、平展,叶黄绿色,无光泽,缺刻较深;匍匐茎较细,发生能力中等;花冠小,花序低于叶面,每株平均4～5个花序,每花序着生花18～21朵。该品种抗灰霉病、白粉病,较耐寒,但不耐旱及高温（图1-23）。

图1-23　马歇尔

行家指点

'马歇尔'适宜露地栽培。主要用于速冻加工出口日本。该品种在开花结果的同时抽生匍匐茎,为减少养分消耗,应及时摘除。该品种单株花量很多,若全部保留则果小,商品性不好,应适时进行疏花疏果,疏去四级、五级及无效果,以达到多结商品果的目的。

7. 全明星

（1）品种来源　美国农业部马里兰州农业试验站以'MDUS4419'和'MDUS3185'为亲本杂交选育而成。

（2）特征特性　果实橙红色，长椭圆形，不规则；种子黄绿色，凸出果面，数量少；果大，一序级果平均单果重20 g，最大果重30 g；果形整齐，光泽强，外观鲜艳；果肉硬度大，耐贮性强，在常温下可贮藏2～3天；果肉淡红色，酸甜适口，汁多，有香味，可溶性固形物含量6.7%，适合鲜食，也可加工制酱。植株生长势强，株形直立，株冠大，匍匐茎繁殖能力强；叶片椭圆形，深绿色，叶脉明显；每株有花序2～3个，花序梗直立，低于叶面。该品种休眠深，打破休眠需5 ℃以下500～700小时。抗病性强，能抗叶斑病和黄萎病等（图1-24）。

图1-24　全明星

行家指点

'全明星'适宜塑料棚半促成栽培和露地栽培。由于栽培时间较长，有的地区该品种发生了退化，因此，应采用组培脱病毒苗，提纯复壮，并加强病虫害的防治。

第四节　四季栽培品种

紫金四季

（1）品种来源　江苏省农业科学院园艺研究所以'甜查理'与'林果'为杂交亲本选育而成。

（2）特征特性　果实圆锥形，果大，色红，外观整齐；果肉全红，肉质韧，风味酸甜浓，可溶性固形物含量10.4%以上，硬度极佳，极耐贮运。株形半直立，花序分歧节位低。该品种耐热，抗炭疽病、白粉病、灰霉病、枯萎病（图1-25）。

行家指点

　　'紫金四季'为日中性（四季型）品种，可用于单独的促成栽培和夏季栽培生产，也可用于促成栽培连续至夏季生产。该品种葡匐茎抽生能力弱，早育苗，可喷施30～50 mL/L的赤霉素以促进葡匐茎的抽生。用于促成栽培连续至夏季栽培生产时，注意保证肥水供应，适当疏花疏果，以免植株因养分不足影响长势。

　　该品种在各地均可促成栽培生产，在长江流域及以北区域可进行夏季生产。夏季生产遇到高温天气，可用遮阳网适当遮阳以降温。

图1-25　紫金四季

第二章
草莓主要栽培模式

第一节 大棚促成栽培

要点提示

　　大棚促成栽培是江苏草莓促早栽培较为普遍的一种生产方式。草莓上市早，可在种植当年11月上中旬上市；经济效益高，平均亩产值在2.5万元以上；市场潜力大，可以满足元旦、春节两大节日的消费市场，是冬季较为少见的应时鲜果。需要注意的是：

　　①在选择促成栽培时，由于基础设施的建设，前期投资较大，生产者应量力而行。

　　②栽培草莓是一项技术要求相对较高的劳动密集型农业产业活动，用工多，劳动力投入大，生产者尤其是农业生产企业应适度规模发展。

　　③春节前后的产量往往决定促成草莓一年的产值，应注重这一阶段草莓产量的获得。

　　促成栽培是在草莓进入休眠之前，人为给予一些措施如高温、灯照补光、喷施赤霉素等，抑制其休眠，使其继续生长发育，达到提早开花结果、提早上市的一种保护地栽培方法。大棚促成栽培通过2～3层大棚冬季保温，促早成熟，是苏南和苏中地区设施草莓的主要栽培方式（图2-1）。

图2-1 草莓大棚促成栽培

一、品种选择

草莓大棚促成栽培宜选用休眠浅、花芽分化早、品质优良、具有良好消费市场的草莓品种，如'宁玉''宁丰''红颊'等。

行家指点

促成栽培的草莓，往往早期尤其是春节前后售价较高，效益较好，再加上劳动力投入和果品安全因素，因此，宜优先考虑选用抗病虫性较强、丰产性较好、成熟期较早的草莓品种如'宁玉''宁丰'等。

二、栽种技术要点

1. 栽植前准备

草莓定植前，除了应做好大棚设施的筹建工作外，还应对种植地块采取科学的措施以确保草莓的正常生长发育：一是对草莓连作地块，应采用太阳能高温并结合石灰氮施用，或采用木霉菌、寡雄腐霉等微生物结合有机质的施用，或采用草莓–水稻（蕹菜、菱角）水旱轮作对土壤进行处理，以克服草莓的连作障碍；二是施足基肥，一般每亩施入有机肥200 kg、饼肥100 kg、硫酸钾复合肥40 kg、过磷酸钙40 kg；三是制作深沟高垄，一般6 m宽的大棚可做6条高垄，大棚两边空30 cm。

行家指点

施肥做垄等工作应在定植前10天左右完成。垄做好后，可在垄的表面覆盖旧的塑料薄膜，这样既有利于土壤中的肥料进一步熟化，又能使土壤保持一定的湿度，同时还能避免雨水冲刷，减少肥料流失。定植时，把旧膜揭除即可。

2. 定植

（1）定植时期　花芽分化始期是草莓定植的关键时期。通常来说，不同地区、不同年份、不同育苗方式、不同草莓品种的花芽分化始期不同。要确切掌握草莓的花芽分化始期，科学的方法主要是通过显微镜进行检查。对无法掌握或实施镜检的草莓种植户来说，可结合往年的经验与当年的气温进行估算，如'红颊'在苏南地区大体在9月10日前后进行定植，苏北地区可适当提前2～5天定植。

行家指点

一般来说，定植期过早，顶花序开花将会延迟，成熟期将推迟，草莓生产前期的产量将会受到影响；定植期过晚，顶花序的花果数将减少，对总产量也会产生很大影响。

（2）定植密度 一般每亩定植6 000～8 000株苗，每垄双行种植，行距20 cm左右，株距15～20 cm。

行家指点

土壤肥力较高、苗素质较好、管理较精细的地块，可适当稀栽，生长势旺盛的草莓品种如'红颊'也可适当稀植。另外，气温较高、降水量较大的苏南地区可适当稀植。反之，则可适当进行密植。

（3）定植方法 草莓植株短缩茎处一般略呈弓形，在草莓定植时，应将弯曲的凸面朝向垄沟一侧，这样可以确保草莓果结在垄的外侧，便于垫果和采收，同时又有利于通风透光，减轻病害发生，提高果实品质。另外，草莓定植时要掌握好栽植深度，以填土浇水沉实后苗心略高于土表为宜，切实做到"深不埋心，浅不露根"。

行家指点

草莓花序伸出往往与葡匐茎的抽生方向相反，因此，起苗时可将葡匐茎保留一小段于草莓苗上作为判断栽植方向的依据。栽植深度是草莓成活的关键，栽植过深，苗心被土埋住，易造成苗心淤泥而腐烂；栽得过浅，根茎外露，不易产生新根，苗容易干死。另外，草莓定植时如遇高温，则可覆盖遮阳网降温，以减少草莓植株叶片的水分蒸腾，提高草莓栽植成活率。

（4）定植后早期管理 定植后20天内，一定要保持根茎部周围处于湿润状态，以促进一次根的发生，提高植株成活率。补水时应量少勤浇，可采用喷壶头接水管浇水，以避免水流过大而冲动苗株及泥土，也可采用垄沟放水的方法来补水（图2-2）。目前，最好采

用滴灌措施，即在垄背中央铺设滴管带，这样既省力又节水。

图2-2　垄沟补水

行家指点

　　垄沟补水是一项比较省力的措施，可以降低小环境的温度。需注意的是，垄沟补水宜在下午5点左右进行，水量不能高于垄面，待土壤完全湿润时，应及时排空垄沟的水，对垄土塌陷的地方应及时修复。

3. 地膜与棚膜的覆盖

　　（1）地膜覆盖　覆盖地膜既有吸热、保温、保水、降湿、除草的作用，又可使草莓果不与地面直接接触，提高了草莓果实的清洁度，是一项确保设施草莓栽培获得稳产的技术。地膜覆盖应确认腋花序分化好后开始，江苏地区覆膜一般在10月中下旬进行，可选用黑色、银黑或白黑双色塑料膜覆盖。覆盖一般在中午前后进行，此时受阳光照射的叶片发软，易操作。覆盖地膜后，应及时掏出地膜下的草莓植株，洞口应尽量小一些，以增加保温效果，减少从洞口长出的杂草。

行家指点

覆膜时间不宜过早，否则容易引起草莓腋花芽分化推迟；但也不宜过晚，否则一方面顶花序抽出，花朵易被弄伤，另一方面地温上升推迟，影响顶花序果实的采收期。另外，覆膜时一般不要在清晨进行，因为此时草莓植株含水量高，叶柄较脆，容易被折断或造成叶片损伤。

（2）棚膜覆盖 一般于10月下旬末至11月初、平均气温低于15 ℃时覆盖大棚膜，这样可以为草莓生长提供较高的温度环境，使草莓植株不出现明显的休眠症状，同时加速根系、叶片、花蕾的生长发育，为开花结果做好准备。气温低于5 ℃时，需加盖中棚；低于0 ℃时，往往要再盖一层小拱棚，以避免花果受到冻害，造成不必要的损失。

行家指点

在进行大棚促成栽培时，其核心技术是保温，江苏从南到北依次可以采取双层膜、三层膜覆盖，外层可同时覆盖无纺布、草帘等。必要时，还可采取灯照补光、开地热、开空调等措施以增温（图2-3）。

图2-3 覆盖无纺布保温

4. 草莓关键生长期的温、湿度调控

（1）生长发育初期 为防止草莓进入休眠，生长发育初期的温度应相对高些。一般白天温度控制在28～30 ℃，最高不能超过35 ℃；夜间控制在12～15 ℃，最低不能低于8 ℃。棚内的湿度应控制在85%～90%。

（2）开花期 一般白天温度控制在22～25 ℃，最高不能超过28 ℃；夜温以10 ℃左右为宜，最低不能低于6 ℃。棚内湿度宜控制在40%左右。

行家指点

温度过高或过低、湿度过大或过小，都不利于草莓授粉受精的进行，易造成授粉受精不良，容易产生畸形果。

（3）果实膨大和成熟期　白天温度控制在20～25 ℃，夜间在 5 ℃以上。相对湿度可控制在60%～70%。

行家指点

　　温度过高，果实虽然发育较快、成熟较早，但果实也会相对较小，果实的商品价值会有所降低。

5. 肥水管理

（1）水分管理　大棚内无法接纳自然降水，虽有地膜覆盖起到保墒作用，但随草莓植株生长对水分的消耗和蒸散，土壤中水分含量会愈来愈少。滴灌补水是一项十分有效的措施。

行家指点

　　对草莓种植户来说，可在草莓大棚外自制一个简易水塔，计算好每次灌溉的用水量，依靠水塔高程落差进行自流灌溉。

　　滴灌对水质的要求比较高，应配备水过滤装置，防止水中脏物堵塞滴灌带上的洞眼。另外，可结合滴灌进行追肥。

（2）适当追肥　草莓连续结实、采收会消耗植株和土壤中大量的养分，此时如果养分供应不上，则容易导致草莓植株生长势衰落，产量降低。及时追肥是补充养分最为有效的措施，一般多用复合肥，少施勤施，每次每亩按1 kg纯氮量计算复合肥的使用量，间隔 10～15天追1次，同时也可结合腐殖酸液肥进行叶面喷施。施肥时，除结合滴灌追施外，无滴灌设备的大棚可在垄背上打洞浇施。

行家指点

　　每一批果实采收过半，应注意观察植株的生长势，如叶色深浅、叶片光泽、大小和厚薄、新叶出叶速度等，一旦发现植株生长势有"脱力"现象，就应及时追肥。

6. 花、果管理

（1）放蜂授粉　　一般在始花前5天左右搬入蜂箱，0.5亩左右放置蜂箱1个，一直延续到3月中下旬春暖花开时，此时气温已高，大棚通风时间较长，其他昆虫活动增强，有利于花粉的传播扩散。

行家指点

　　冬季及早春，仅靠大棚内草莓开花会蜜源不足，必须用白砂糖2份加水1份熬制糖水，待冷却后饲喂蜜蜂。如果出现蜜蜂在棚顶角落乱飞乱撞，则表明棚内气温过高，超过警戒温度，此时必须采取通风降温措施。另外，大棚放蜂后尽量不使用杀虫剂。

（2）疏花疏果　　疏除易出现雌性不育的高级次花，可明显降低草莓的畸形果率，并且有利于集中养分，提高草莓果实的单果重和品质。疏果时，应疏除病果、过早变白的小果及畸形果。通过疏花疏果，通常第一花序保留12个果左右，第二花序保留7个果左右。

7. 人工补光

　　初冬季节，光照往往不足，会影响草莓的品质，此时应采用灯照方式进行补光（图2-4）。一般在标准大棚中布2行电线，距地面1.5～2 m，每隔2～3 m安装1个50～70 W的白炽灯泡。12月初开始补光，2月上旬结束，每天下午5时至8时补光2～3小时。

行家指点

　　冬季连阴天气，光照不足更为明显，可在白天开灯补光。

图2-4　灯照补光

第二节　东陇海线日光温室促成栽培

要点提示

　　日光温室促成栽培是指从入秋至初冬，在草莓植株进入休眠期以前，利用日光温室保温或采取其他保温补光措施，使其不进入休眠的栽培方式。目的主要是为了提早鲜果上市期，延长采收期，提高鲜果产量，增加经济效益。

一、日光温室的结构

温室是应对低温不良气候最有利的设施。日光温室有多种类型，其结构主要由墙体、温室支撑构架和采光面3部分组成。东陇海线地区日光温室按材料不同主要分为简易日光温室（玉米秸加双膜）、普通日光温室。

1. 简易日光温室

该类型主要在连云港市东海县应用。主要的不同点在于用低廉易得的建筑材料取代砖、水泥和钢筋建造日光温室，用四重覆盖取代草帘覆盖或加温，改进了草莓植株的调整方法等，降低了成本，提高了效益。种植户可就地取材，利用玉米秸、稻草、竹竿、木头、水泥柱等，加上棚膜就可建造出适合草莓促成栽培的日光温室。温室采光面的坡度因地域而异，徐州、连云港地区的温室可设计为长40~80 m，宽8 m，后墙高2.2~2.6 m，最南面高0.5 m（图2-5）。与用砖、钢筋和水泥建造的日光温室相比，成本非常低廉，每亩地总成本不超过3 000元。通过四重覆盖，就能满足草莓促成栽培所需的温度条件。

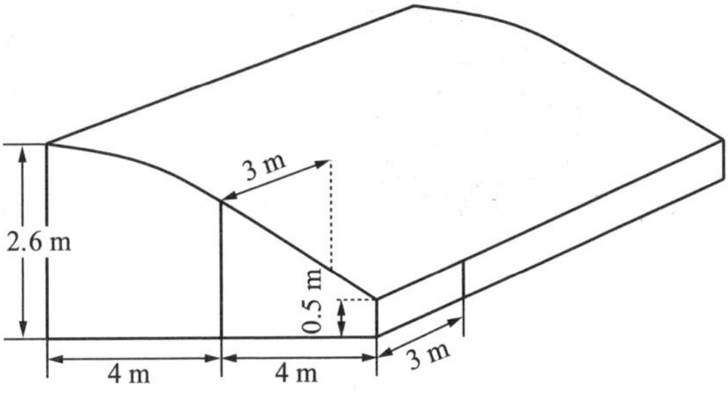

图2-5　温室结构

该简易日光温室的关键在墙体的建造。墙体用玉米秸或稻草做成。在北墙处每隔3 m用水泥棒或木棒设一个立柱，高2.2~2.6 m，立柱顶端、向下60 cm和向下120 cm处各用钢丝或铁丝东西向设拉线，拉紧后固定在立柱上。然后把稻草（玉米秸）做成束或帘固定在拉线上。东、西墙建造与北墙相似，只是在墙中间设1.8 m高的立柱，最南端立柱高0.5 m，并在东墙或西墙留一个门方便进出。最后在墙的两边覆盖无破损的薄膜用细铁丝固定。这样就完成墙体的建造，厚度25 cm以上。在棚的最南端每3 m设0.5 m高的支柱，在支柱顶端东西向拉一道钢丝或竹竿。在棚中部每3 m设东西向立柱，高1.5～1.8 m，也在顶端东西向拉一道钢丝或竹竿。在立柱顶端南北向固定直径10 cm左右的大竹竿，在大竹竿之间南北设2～3排直径5 cm左右的小竹竿作为大棚骨架。最后在棚顶覆盖无滴棚膜，用压膜线或细竹竿固定即可（图2-6）。

图2-6　简易日光温室

2. 普通日光温室

（1）基本结构与要求　江苏省日光温室的基本结构：长度60～80 m，外跨8.5～9.0 m，脊高3.3～3.5 m。可在温室后部矢高处每隔3 m设柱，也可不设立柱。后墙高2.3～2.5 m，墙体厚度0.5～0.6 m，用砖或水泥预制砌块垒成，中间夹有塑料泡沫等保温层或空心墙。山墙为厚度约0.75 m的实心墙。后屋面采取短坡式，坡长1.4～1.8 m，垂直投影长约1 m，后屋面和后墙体夹角135°～140°，后屋面仰角应大于当地冬至正午太阳高度角5°～8°，后屋顶保温层15 cm厚。前屋面适宜的采光屋面角应为22°～23°，温室前屋面的坡度及弧度为：上沿12°～14°、中部22°～23°、前坡26°～30°、下沿70°～80°。

行家指点

日光温室应坐北朝南，东西走向，方位角正南或偏东5°至偏西5°均宜。建造日光温室宜选在地势平坦、交通便利、无遮光物的地方。具体结构形式应根据当地的地理和气候条件进行建造。

薄膜应选用多功能长寿无滴膜，厚度0.1 mm以上，新膜透光率不低于75%，并用压膜绳压紧。寒冷季节夜间在前屋面薄膜上覆盖一层保温材料，选用草帘，规格为长12 m、宽1.2 m，厚度不小于5 cm，或选用防寒保温被，宜配备卷帘机。

在前屋面和后墙设置放风口和通风窗。前屋面放风口在温室顶部开设，通过卷膜开缝或人工开缝放风，后墙通风窗开在后墙离地面1.3～1.4 m，窗口直径30 cm，每间1个。在每栋日光温室的一端应设置缓冲间（3 m×3 m），出入温室时可避免外部冷空气对温室作物的影响，同时方便人员休息、放置农具和部分生产资料。温室一般前后间距不小于5.5 m。温室间距应前栋不影响后栋采光，以冬至日上午10时阳光照射到温室前沿为宜。

（2）日光温室前屋面支撑材料的种类　前屋面支架材料可用竹竿、镀锌钢管等。

① 竹竿支架日光温室。指由直立水泥柱、横向钢索和纵向排列的细竹竿架成的斜平前屋面简易日光温室（图2-7）。

图2-7　竹竿支架日光温室

② 钢管支架琴弦式日光温室。要求上弦钢管外径不小于25 mm，壁厚不小于1.5 mm，下弦钢管外径15 mm左右，按前屋面倾角弧度制作。钢架上弦管材和下弦管材用直径10～12 mm的钢筋"人"字形焊接。钢架上下弦距离上沿40 cm到下沿均匀收缩至25 cm，并与后屋面、前地基做成一个整体，钢架间隔距离1 m（图2-8）。

图2-8 钢管支架琴弦式日光温室

二、日光温室草莓促成栽培技术

1. 品种选择

促成栽培的草莓品种应具备早熟性好、休眠期短、耐低温能力强、适应范围广、生长势旺盛、果形大而整齐、畸形果少、品质佳、耐贮运、丰产、抗病等优点。目前，适合促成栽培的品种有'红颊'（'红颜'）'章姬''宁玉''宁丰''丰香''佐贺清香''甜查理'等。

2. 种苗选择

"好苗七成收"。草莓苗易感染病毒病，用带毒苗进行生产，会影响草莓的产量和品质，生产上最好选用脱毒的壮苗（图2-9）。脱毒苗生长势强，结果数多，单果重，早期产果量高，且抗病虫能力强，一般可比非脱毒苗增产15%～25%。

图2-9 草莓壮苗

行家指点

壮苗的标准为：根系发达，叶柄短粗，长15 cm左右，粗0.3 cm左右，成龄叶5～7片，新茎粗1～1.5 cm，苗重30 g左右。

3. 定植

（1）定植时间 根据苗花芽分化早迟决定定植日期，一般在花芽分化前5～7天，当日平均气温降到25 ℃以下方可定植。定植过早容易发病，旺长，推迟采收；定植过迟植株营养体过小，影响产量。一般以8月底至9月上旬定植为宜。定植宜选择在晴天下午或阴天进行，避开强日光照射，以提高种苗的成活率，缩短缓苗时间，种苗随挖随定植。

（2）整地施肥 基肥主要以腐熟的有机肥为主，每亩用量3 000～5 000 kg，饼肥80～150 kg，复合肥30 kg、过磷酸钙80 kg。土壤深翻，做成高垄，垄面宽50 cm，沟底宽约30 cm，垄高25 cm以上；也可做成东西向小高垄，垄高15 cm，垄面宽60 cm，垄沟宽40 cm（图2-10）。

（3）定植方法 每亩定植7 500株左右，每垄双行种植，株距18 cm左右（图2-11）。栽植时按苗的大小将苗分开，壮苗的株行

图2-10 整地施肥

图2-11 定植

距可适当放宽，弱苗可适当加密。栽植深度不能过深或过浅，以达到深不埋心、浅不露根为宜。定植过深，幼嫩茎、叶及生长点被埋住，易造成种苗腐烂而死；定植过浅，根系外露，种苗易干枯致死。栽植时应注意草莓的定植方向，将植株的弓背朝向垄的外侧。铺设滴灌，栽植后浇透水，保持土壤湿润。有条件定植时覆盖遮阳网，遮阳3～5天，便于缓苗。

4. 定植后管理

（1）覆膜保温　促成栽培的覆膜时间，掌握在草莓植株的花芽分化以后，而又未进入休眠期以前进行。覆膜过早，营养生长过盛，不利于花芽分化。覆膜过迟，植株进入休眠期，不易被打破，即使打破休眠，植株也会弱小，产量低且品质差。一般在10月下旬初霜后夜间气温降至12 ℃左右时扣大棚膜保温，扣大棚膜后7～10天覆盖地膜，用细土封严定植孔，以防晴天中午地膜下高温烫伤植株及花蕾。在简易日光温室中采用四层薄膜保温技术，不用草苫，既降低成本，又减轻劳动强度。四层薄膜保温即"地膜+小拱棚膜+中棚膜+大棚膜"，在外界气温低于5 ℃时加中棚保温，当气温低于0 ℃时再加小拱棚保温（图2-12）。

图2-12　多层覆盖

（2）温度管理　覆棚膜初期，因外界气温尚高，为促进植株生长及发育，棚室内温度控制可适当高些，保持白天25～30 ℃，夜间12～14 ℃。当进入现蕾期，白天气温可在25～28 ℃，夜间10～12 ℃，如夜间温度超过13 ℃，则会使腋花芽退化，雄蕊、雌蕊受到不良影响。进入开花期，白天要求气温在23～25 ℃，夜间8～10 ℃。果实膨大期，白天要求23～25 ℃，夜间6～8 ℃，此时白天温度如低于23 ℃，则草莓收获期将推迟，但果实可进一步增大。到果实收获期，白天20～23 ℃，夜间5～7 ℃。草莓植株的生长发育对温度的要求不是很高，一般白天棚内温度不低于18 ℃，夜间不低于5 ℃即可。在整个冬季，如温度可达到上述要求，草苦则应尽量早揭晚盖，以延长日照时数，增加同化产物，即使在连续阴雪天气也应如此。

（3）肥水管理　草莓根系入土较浅，喜温、喜肥、不耐旱。除在定植以前施足底肥以外，定植成活后，依植株生长势25天左右开始追施复合肥1～2次，每亩每次10 kg，促进植株生长，保证植株开花结果前有足够的营养。覆地膜前，每亩施入钾肥8～15 kg。开花结果期在每花序的第一果开始膨大时追肥，一般亩追施含钾量高的复合肥15 kg。在结果盛期可适当喷施钾肥、氨基酸肥等叶面肥。草莓产量高，尤其在结果后期，可增加追肥量和追肥次数，每次每亩施20 kg。追肥以少施勤施为原则，注意观察植株生长势，一旦有脱力苗头，则可采取追肥和疏花疏果措施。施肥方法最好是将肥料溶于水后通过滴灌带结合灌水施用（图2-13）。保温开始后棚室内容易缺水。确定土壤是否缺水或需要浇水，可在早晨观察草莓叶缘是否有水珠，如出现水滴，则表明根系功能旺盛，土壤水分充足，反之则

图2-13　膜下滴灌

表示土壤缺水或根系功能差。重要的灌水期为保温开始前、果实膨大期、采收盛期过后等。

（4）植株整理与疏花疏果　草莓植株在其旺盛生长时会发生较多的侧芽和部分匍匐茎，应及时摘除，以促进主芽开花与结果。对于容易发生侧芽的品种，应特别引起注意，一般除主芽外，再保留2～3个侧芽，其余生于植株外侧的小芽全部摘除。对于老叶、病残叶也应及早摘除，至少保留5～6片健壮叶。

植株开花过多，消耗营养，果实变小，应采取疏花疏果的措施。每个植株保留多少果实，要根据品种的结果能力和植株的健壮程度而定。一般每一花序留5～10个果，其余的小花、小果及畸形果应及早摘除。花序采收结束时，及时把花轴除去，并带出棚外集中销毁。

（5）辅助授粉　日光温室内温度低、湿度大、日照短，对草莓的花药开裂、花粉飞散极为不利，极易造成畸形果。目前生产上推广使用蜜蜂辅助授粉技术，能明显提高坐果率，减少畸形果，可增产15%～20%。蜂箱最好在草莓开花前3～5天放入棚内，先让蜜蜂适应一下大棚内的环境条件。一般每亩的日光温室可放置1～2箱蜜蜂（图2-14）。

图2-14　蜜蜂授粉

（6）二氧化碳施肥　光合作用是草莓物质生产的基础。日光温室促成栽培中，正值最寒冷的冬季，为增温保温，一般情况下放风量较小，放风时间较短。在揭开草苫后不久，草莓光合作用用去大部分二氧化碳，很快使室内二氧化碳浓度低于外界（0.03％），致使草莓光合作用处于饥饿状态，因此，需及时增施二氧化碳。日光温室草莓盖膜保温后，植株恢复生长，以长出2~3片新叶时施用二氧化碳为好。二氧化碳常用的施用方法是有机物发酵法和二氧化碳发生剂法（图2-15）。最佳施肥时间是在上午9时至下午4时。如果采用二氧化碳发生器作为二氧化碳肥源，施肥时间还应适当提前，使揭草苫后半小时达到所要求的二氧化碳浓度。中午如果要通风，则应在通风前半小时停止施肥。

图2-15 吊袋式二氧化碳施肥

5. 采收

一般是从当年的11月中旬开始，一直延续到翌年6月上中旬结束。定果后，以果面全部或绝大部分转成红色为准，在晴天上午无露水后或傍晚采收（图2-16）。采收时要带果柄，不损伤萼片。采收后可分级装盒上市出售，一级果单果重20~30 g，二级果单果重15~19 g，三级果单果重10~15 g。

图2-16　草莓采收

第三节　高架基质促成栽培

一、架台搭建

1. 搭建原则

水稻田待地面干燥后镇压板结，即可搭建架台；旱地浅耕后经过土地平整、镇压板结，方可搭建。架台搭建宜选择接受光照均匀的南北方向，与大棚走向保持一致，架与架间距70~80 cm，方便行走作业。棚宽7 m的单栋棚或棚宽6 m的连栋棚，每栋分别可排放5列架台。架台宽度控制在35 cm，架台长度控制在50 m以内，超过50 m可分设2段架台。

2. 搭建方法

用长1.3 m、直径25 mm的镀锌管，平行对应固定2排立柱，横向间隔35 cm，纵向间距1 m。立柱插入地下30~50 cm，地上净高0.8~1 m。在距离立柱最上端5 cm处的外侧，用压顶簧再纵向各固定一条直径19 mm的镀锌管拉杆悬挂果实，横向对应的立柱之间，距离最上端24 cm处，再固定1根长35 cm、直径25 mm的镀锌管做栽培槽衬托。这样一个宽30 cm、深24 cm、长度根据大棚长度而定的栽培凹槽位置就确定了。两排立柱最上端内侧，用棚管固定件纵向平行固定2条直径25 mm的镀锌管做拉杆以稳固立柱（图2-17，图2-18）。

图2-17　架台搭建

图2-18　悬挂果实拉杆

行家指点

　　架台搭建无焊接，所以拆装方便，不受地质条件限制。

3. 栽培槽设置

栽培槽既可用透水、透气的无纺布，也可用厚0.1～0.2 mm的瓦楞彩钢瓦。

无纺布栽培槽宽度0.3 m左右，长度根据架台长度而定。铺放在栽培槽位置后，两侧用棚管夹固定在拉杆上，自然形成一个"U"形或"V"形栽培槽（图2-19）。

瓦楞彩钢瓦栽培槽：用两块宽45～48 cm、厚0.1～0.2 mm、长度根据架台长度而定的瓦楞彩钢瓦，两侧分别固定在架台上端外侧悬挂果实拉杆上，底部留3～5 cm间隙固定在栽培槽衬托上，形成一个能渗漏的"U"形或"V"形栽培槽（图2-20）。

图2-19　无纺布栽培槽

图2-20　瓦楞彩钢瓦栽培槽

二、基质配置与填装

1. 砻糠发酵

砻糠由于碳氮比例高，微生物不活跃，因此自然发酵缓慢。为了促进发酵速度，发酵时每50 kg砻糠可添加5～7 kg碳酸氢氨或3～4 kg尿素，水分控制在50%～60%。当堆心温度上升到70 ℃以上时，应立即进行翻堆。翻堆时要将堆心的翻到外层，外层的翻到堆心，同时补足因为发酵高温蒸发的水分（图2-21）。砻糠经过4～5个月的发酵即可作为草莓高架栽培的主要基质。

图2-21　砻糠发酵

2. 基质配置

将充分发酵好的砻糠和商品草炭基质，分别按体积60%、30%比例混合，再添加5%消毒过的沙壤土，配置成轻型基质。

3. 基质填装

将配置好的基质均匀填装到栽培槽内，边填边用手压紧压实，直到填满栽培槽并高出栽培槽上口形成"馒头"样（图2-22）。

图2-22　基质填装

三、基肥施用

以商品生物有机肥作基肥。用量按基质体积比计算大约占5%（或者按每株草莓计算为5～10 g），撒施到基质中翻拌均匀。

四、灌溉设施

高架基质促成栽培要求滴灌。滴管可选择硬质橡胶管，也可选择软质塑料滴灌带（图2-23）。滴孔间距10～15 cm。由于基质孔穴度大，水分的垂直渗透性强，水平扩散性差，可在基质表面铺放一层无纺布，无纺布上再铺设滴管，通过无纺布的扩散渗透作用将水均匀渗透到基质中。

图2-23　灌溉设施

五、栽培渗漏液循环利用

正对每条架台地面，挖"V"形浅沟，地表面铺黑地膜，形成渗漏液积水支道；用同样方法在架台端侧地面开挖积水主沟，并连通到埋入地下的集液罐。经过过滤后的渗漏液泵入高处水箱，进入滴灌系统，循环利用。

六、定植

1. 品种及种苗规格

选用适合架式栽培的'红颊''章姬'等品种为主，种苗规格为根茎粗度1.0 cm左右、矮壮敦实、无病虫害的营养钵苗。

2. 定植时间

根据草莓苗花芽分化的早迟而定。一般以8月下旬至9月上中旬定植为宜。

3.定植密度

每一栽培槽栽种2行草莓，行距20 cm、株距20 cm，每亩定植4 800株左右。

4.栽植方法

距离栽培槽边缘5 cm进行栽植，2行草莓呈三角形错位排列（图2-24）。

图2-24 草莓栽植

行家指点

栽植时要深不埋心、浅不露茎，植株弓背方向与槽口呈45°斜角朝向栽培槽外，避免花序梗垂直伸向步道，行走作业时碰擦花序和果实。

七、定植后管理

1.秋冬季管理

（1）水分管理　定植后7～10天内采用人工浇水的方法，保持根茎和根系局部湿润，促进新根萌发；定植10天后改用滴灌带给水，每天给水1～2次，以栽培槽底部开始滴水为标准。若植株生长过分繁茂，则要适当控制给水量。

（2）遮阳、防风　定植后1周内，晴天中午要覆盖遮阳网降温，减少植株水分蒸发，促进成活，缩短缓苗期；遇强风天气，用

遮阳网包裹架台，防止大风给植株造成伤害。

（3）覆盖地膜　9月15日以前定植，缓苗活棵后应及早覆盖地膜。选用0.03～0.05 mm厚的黑地膜、银黑或白黑双色膜，均匀覆盖在架台上，对应草莓植株处破一小孔将苗的茎叶露出地膜外，并将地膜两侧用棚管夹固定在果实悬挂衬托的拉杆上。9月15日以后定植，可先覆盖地膜再行破膜栽种（图2-25）。

图2-25　覆盖地膜

（4）温度管理　温度管理以棚内温度尽量保持在25 ℃以上，基质夜间温度不低于10 ℃为目标。低于目标温度采用扣棚增温和基质增温等措施。

①扣棚增温：当日平均气温降到18 ℃以下（江苏镇江一般在10月下旬至11月上旬），外棚要及时覆盖一层大棚薄膜保温；当日平均气温降到5 ℃以下时，间隔外棚30～50 cm的中棚再覆盖一层大棚薄膜保温。

②基质增温：当外界气温下降到10 ℃以下时，在高架周围披垂透明薄膜帘，帘子上端用管夹固定在果实悬挂衬托拉杆上，下端垂

直披到地面，并用砖块压实，帘内吊挂黑地膜，在栽培槽下方形成一个储热"罐"，源源不断为基质提供热源，保障草莓在寒冷的冬季能正常生长发育（图2-26）。

图2-26 基质披垂薄膜增温

（5）植株整理

① 掰侧芽：'红颊'第一批腋芽既有1芽的植株也有2芽的植株，这种比例各占一半，腋芽有2芽的要留2芽。第二批腋芽留2芽，最多留3芽进行植株整理。其他多余侧芽要及时从母株发生处彻底掰除（图2-27）。

图2-27 掰侧芽

② 摘老叶：定植2周后保留5张展开叶片，摘除老叶，以促进根茎部初生根的发生。覆盖地膜前后仍然保留5张叶片进行整理。顶花序出蕾时要确保展开叶达到5张。收获期间要尽可能多保留功能叶，只是将老化叶片进行摘除。但为了抑制红蜘蛛和第二次腋花序出蕾时萎枯障碍的发生，在顶果序收获结束时将下垂的叶片尽可能多摘除（图2-28）。

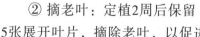

图2-28 摘老叶

③ 摘花：根据小花情况进行精细地摘花，可以增加大果发生的比例，有利于市场销售。顶花序留10个低级次小花；第一批腋花序只有1个芽的情况下留10个小花，有2个芽的情况下各留7个小花；第二批腋花序保留5个小花，多余的摘除。另外，从果实品质来看，摘花对果实可溶性固形物含量也有差异。对摘花区、放任区的同级次果实可溶性固形物含量进行比较，发现随着花序发育进程的推进，摘花处理过的果实可溶性固形物含量最高，着果数多的放任区的果实可溶性固形物含量最低。因此，摘花不仅能促进果实肥大，而且对提高果实品质都非常重要（图2-29）。

图2-29　摘花

④ 去花瓣、摘果梗：开花后散落黏附在果实和萼片上的花瓣，是滋生灰霉病菌的良好培养基，很容易造成病害发生，开花结束后要用弥雾机或其他送风机械定期吹除。一批果序收获结束后，果梗会消耗植株大量的养分，要尽早摘除。

（6）授粉管理　从瘦果（种子）数和果重的关系看，'章姬'

表现为果重和瘦果总数关系密切，而'红颊'则表现为与结实瘦果率更为密切。也就是说，'章姬'结实瘦果能弥补附近没有瘦果部分的果实肥大，而'红颊'没有瘦果部分的果实肥大是很困难的。因此，'红颊'比'章姬'要更加注意授粉管理（图2-30）。

图2-30 授粉管理

行家指点

注意：当气温达到15～18 ℃时，蜜蜂开始活动，达到20～23 ℃时访花最为活跃。蜂箱内要一直保持适宜的温度，但温度越高蜜蜂的损耗越大，千万注意大棚内温度不要超过30 ℃。蜂箱的门朝南一直要有阳光照晒，放置的位置要高于草莓植株的高度，寒冷时将蜂箱及时移入大棚内。大棚要经常换气，尽可能降低棚内湿度。蜂巢种群数量衰减严重的情况下，有必要补充蜜蜂群体。

（7）防止栽培槽表面地膜兜水　可在地膜兜水处用针刺一小孔，使水流到基质中，防止果实挂在兜水的地膜上造成烂果。

2. 春季管理

（1）温度管理　当日平均气温稳定在20 ℃以上时，应尽早拆除架台两侧的保温材料，同时拆除中棚薄膜，并适时、适量掀起外棚膜通风降温，使棚内温度保持在20～25 ℃之间。

（2）水分管理　随着气温升高，每天滴灌3～4次，一株草莓的日灌水量在300 mL左右。

（3）营养液追肥　营养液分有机营养液和无机营养液。有机营养液是利用菜饼、米糠或动物内脏等有机物经过充分发酵沤制而成的；无机营养液是利用尿素、磷酸二氢钾、硝酸钙、硫酸镁、硼酸等直接配制而成的。各生育阶段对营养液要求见表2-1。

表2-1　不同生育阶段营养液浓度（EC值）、酸碱度（pH值）的目标值

生育阶段	定植前	定植至2周后	开花期	收获开始至严寒期	3个月以后
EC值（ms/cm）	0.6	0.5～0.6	0.6～0.7	0.8	0.6～0.7
pH值	整个生育期保持在5.0～6.5				

（4）基质中营养液浓度检测　利用离子电导率速测仪对渗漏到架台下的渗漏液进行读数（EC值）判定。当EC值高于各生育阶段的目标浓度时，预示着栽培基质养分浓度过高，可只滴水稀释；当EC值低于目标浓度时，预示着栽培基质养分不足，必须配置适当浓度营养液进行补充。

（5）营养液追肥　通过滴灌系统将营养液均匀补充到基质中。

八、采收

1. 成熟度把握

当果实发育到一定程度,果皮由青绿色变白色，进而转变成红色，并且从果顶到基部果面都能均匀着色；同时，镶嵌在果面的种子

也由青绿色变成褐色，预示着果实已经进入成熟阶段。八成以下着色的果实口感差，九至十成着色的果实口感好。冬季温度低掌握在10成采收，春季以后气温上升为了防止果实软化掌握在九成采收。

行家指点

特大型果及形状不标准果用平盘包装，能有效防止果实自重及挤压造成的损伤。

2. 采收时间

冬季一天中无论什么时间都可采收；春季气温回升后，最好在果实温度相对较低的早晨采收为宜。

架台两侧分期采收：南北向设置的架台，上午采收悬挂在西侧照不到阳光的果实；下午采收悬挂在东侧照不到阳光的果实。

3. 采收方法

用右手的食指和大拇指掐断果柄单果采收，果柄长度保留1 cm左右，采下的果实放入随身携带的浅塑料筐中，摆放时要防止果柄扎破果皮。

4. 采后处理

冬季采下的果实可直接进行分级包装；春季温度高时采收的果实，要先放入−1～0 ℃冷库预冷，等果实温度下降后才能包装销售。

九、收获结束后管理

1. 拔除植株残体

收获结束后要尽早清除植株残体，以免影响下季度定植作业。

2. 基质无害化处理

利用7～8月份高温，每1 m长基质中撒施1～1.25 kg青糠，与基质翻拌均匀后，浇足水分，并用薄膜裹覆架台，进行闷棚高温消毒（图2-31）。

图2-31　基质无害化处理

第四节　半促成栽培

要点提示

草莓半促成栽培是露地栽培和促成栽培的中间栽培方式，其草莓果实的成熟期、产量、效益等均介于两者之间，是鲜果市场供应必要的补充，重点可以满足消费者"春季踏青"采摘优质、大果的需求。半促成栽培与促成栽培相比，栽培容易、管理简单、成本低，与露地栽培相比，可以抵御外界不良气候环境条件，采收期较露地栽培早。

半促成栽培是让草莓植株在自然低温条件下满足低温需求量，在基质上通过自发休眠时，采取单栋钢架或简易竹片等塑料大棚或小拱棚进行保温，或结合电灯补光、喷赤霉素处理等措施，打破植株休眠，促进植株生长和开花结果的一种栽培方式。半促成栽培与露地栽培相比，一般采收期可提前1~2个月（图2-32）。

图2-32 小拱棚半促成栽培

一、品种选择

草莓半促成栽培多以鲜食为主，因此，在品种选择上应选择优质、果形大、休眠期相对较深、耐寒性强的品种，如'紫金香玉''硕丰''卡麦罗莎'等，优质、大果、抗逆性强的促成栽培品种也可以选用，如'宁丰''紫金四季''甜查理'等。

二、栽培技术要点

1. 栽植方式

草莓半促成栽培方式可参照露地栽培进行，采取高垄栽植，定植时间在10月上中旬前后。

2. 地膜与棚膜覆盖

地膜覆盖可参照露地栽培方式执行，但"破膜提苗"时间较露地栽培提前1~2个月，一般在覆盖棚膜后植株有"顶膜"现象发生时进行。

江苏地区扣棚保温一般在12月至翌年1月上旬前后，选用透光性好、厚度为0.06~0.08 mm的聚乙烯无滴膜进行覆盖。

行家指点

扣大棚膜时期对半促成栽培很重要。过早，休眠浅，会导致植株旺长；过迟，休眠深，难以在短时间内恢复生长，往往需要喷施5 mg/kg左右赤霉素来打破植株休眠。

3. 温、湿度调控

温、湿度调控主要通过揭膜通风进行。保温初期（刚扣棚保温阶段）棚内白天温度一般保持在30 ℃左右，不能超过35 ℃，空气相对湿度控制在85%以内；夜间温度保持在8 ℃左右。开花期白天温度控制在25 ℃左右，相对湿度应在50%以下，为授粉受精创造良好的气候条件；夜间温度不低于10 ℃即可。果实膨大和成熟期白天温度应尽可能控制在25 ℃左右，夜间温度不低于10 ℃，相对湿度保持在60%左右。

行家指点

半促成生产过程中，既要防止高温对植株、花、果的危害，又要防止春季霜冻，以免产生冻花或畸形果，同时也要避免棚内长期处于高湿状态，以减轻果实灰霉病的发生。及时揭膜通风是降温、降湿的主要途径，当气温较高时，可以在大棚南北两侧同时揭膜通风降温，如日气温相对较低，则只要在大棚南侧揭膜通风即可，以降低棚内湿度（图2-33）。另外，垄间可通过铺垫稻草进行降湿，有利于植株管理、果实采摘等田间作业时在垄间行走保持干净卫生。

图2-33　大棚一侧揭膜通风

4. 科学肥水调控

除定植前施足基肥外，还应视植株长势和结果情况及时追肥。一般追肥结合滴灌同步进行，以氮磷钾复合肥为主，每次追施浓度以0.1%～0.3%为宜，注意肥料中成分配比，果实转白期前氮肥比例适当高一些，转白期后钾肥比例适当高一些。

半促成栽培不宜采用漫灌方式，多采用滴灌方式进行田间补水，果实转白期前应采取"多次少量"的方式进行补水，确保田间湿润即可；果实转白期后适当控制补水或不进行补水，以提高果实品质。

行家指点

　　棚内采取漫灌方式，往往会引起棚内长期湿度过大，导致灰霉病的发生，同时也不利于田间操作。采取"多次少量"的补水方式，避免了忽干忽湿小气候环境的产生，有利于控制白粉病、红蜘蛛、蚜虫等病虫害的发生。

5. 植株与花果管理

　　对于半促成栽培的草莓，由于植株会发生大量腋芽，除了需要及时摘除植株抽生的匍匐茎、枯叶、老叶和病叶外，为减少养分消耗，必须及时去除后期发生的腋芽，保留2～3个早期发生的腋芽即可。

　　在花果管理方面，与露地栽培相比，除了要及时疏除瘦小的花蕾、摘除病虫果外，为适当提高草莓果实的单果重、增加果实品质、使结果整齐，从而进一步提高果实的商品性，还应进行适当的疏花疏果，疏除同一花序中的高级次花、弱花及发育不正常的幼果和畸形果等。另外，为提高授粉受精，减少畸形果的发生，可以采取放蜂授粉或人工授粉的措施。

行家指点

图2-34　蜜蜂采花授粉

　　放蜂授粉是草莓半促成栽培和促成栽培的一项重要的措施，一般1亩田放2箱蜜蜂即可，具体可视大棚面积而定（图2-34）。这一点与露地栽培有所不同，露地栽培的草莓可以通过自然风和野生昆虫传播花粉就可以满足生产要求。

第五节 露地栽培

要点提示

　　草莓露地栽培是草莓生产十分有益的补充，既可以满足消费者在5月份品尝到果形大、品质优的鲜果，又可以为草莓加工提供优质的原料。优点是栽培容易、管理简单、成本低；缺点是容易受低温、大风、大雨等外界不良气候环境的影响，采收期短，上市期相对集中。

　　露地栽培又称常规栽培，是指不采用小拱棚、塑料大棚、温室等任何保温设施和增温设备，在田间自然条件下解除休眠，直接从事草莓生产的一种栽培方式（图2-35）。

图2-35　草莓露地栽培

一、品种选择

　　露地栽培草莓应选择休眠期长、长势旺、产量高、果形较大、色泽深、硬度和酸度较高、适口性较好、易除萼的品种，如'硕丰''马歇尔''全明星''宝交早生'等。

行家指点

　　露地栽培草莓目前主要还是以加工用为主，因此，在选择品种时，应优先考虑果品的加工性能，兼顾鲜食。

二、栽培技术要点

1. 栽植方式

　　以高垄栽植方式为宜，垄高一般不低于25 cm，垄宽45～55 cm，垄距30～45 cm，每垄双行定植，株距多以15～20 cm为宜。露地草莓定植时间一般以10月上中旬前后为宜，定植不易过迟或过早。栽植深度以"深不埋心、浅不露根"为原则，具体操作方法是先把土挖开，将草莓秧苗短缩茎与地表平齐，弓背朝垄沟，让根系舒展置于定植穴内，再填土压实，并轻微提一下苗，让土壤与根系紧密结合，最后浇定根水，并检查草莓秧苗的栽植情况，对栽培过程中的不当之处予以及时纠正。

行家指点

　　高垄栽培对于露地草莓十分重要，一方面可使土壤透气性好、春季升温快，有利于通风透气、覆盖地膜等，另一方面也有利于去除老病叶、疏花疏果等田间管理，降低劳动强度，同时，有利于保持果实清洁，利于采摘。

2. 地膜覆盖与破膜提苗

　　在日平均温度3～5 ℃时覆盖地膜，塑料膜厚以0.008～0.020 mm为宜。覆膜时，顺行把地膜平铺在草莓植株上，膜面伸展不卷，周围可用自制竹片、热镀弯曲钢丝固定压实。覆膜前，可喷施腐霉利预防灰霉病。

破膜视植株生长情况而定，一般植株有"顶膜"现象发生时开始破膜，通常在2月初，此时，白天最高温度一般可高达30 ℃（图2-36）。破膜时，先在植株上方将膜划一小口通风，让草莓植株适应一下自然气候环境；2～3天后，将植株从膜下提出，提苗时需谨慎，

图2-36　覆盖透明地膜与植株
"顶膜"待破

不可损坏新发茎叶，同时可去掉老叶；最后，沿植株基部用土块压一下，使地膜紧贴地面，有利于保温保湿。

行家指点

　　覆膜前，可把滴管先铺设好，这样有利于草莓生长季节的肥水管理。地膜可选用透明或黑色塑料膜。透明塑料膜可以直观看到植株的生长情况，破膜时不会使植株遗漏，但容易滋生杂草；黑色塑料膜有利于保温、增温，可以有效防止杂草产生，但破膜时容易使植株遗漏，需要多次检查植株的破膜情况，及时对遗漏掉的植株进行破膜提苗（图2-37）。

图2-37　覆盖黑色地膜

3. 肥水科学调控

　　一次性施足基肥的地块，可在坐果后叶面喷施1～2次0.1%～0.3%的磷酸二氢钾。也可在3月中下旬结合浇水追施1次发棵肥，在4月中旬开花前追施1次花前肥，以氮磷钾复合肥为主，每亩每次用量一般为10～15 kg，视植株长势和结果情况可适当调整用量，坐果后

同样需叶面喷施1~2次0.1%~0.3%的磷酸二氢钾，以提高果实产量和品质。

草莓生长期间的水分管理会直接影响草莓的产量和品质，十分重要。一般11月中下旬如无下雨，则应补足1次水以提高草莓冬季的抗寒性能。果实转白期前保持土壤湿润，视田间墒情及时"多次少量"补水，果实转白期后不再补水。如遇雨季，应尽可能确保排水通畅，做到田间不积水。未铺设滴管的地块，一般在上午10时前，采用垄沟少量灌水、土壤慢慢渗透吸收的方式进行补水，灌水量不宜多，灌水高度在草莓结果部位以下，切不可大水漫灌。

行家指点

　　追肥时，铺设滴管的地块，可结合滴灌补水进行。否则，可在植株附近打一个深约5 cm的孔，把肥料放入孔内，浇水或者通过垄沟渗透补水，或追肥措施在下雨前进行。

4. 植株与花果管理

在草莓生长期间，应加强对草莓植株的管理。一是及时摘除植株抽生的匍匐茎，以减少养分消耗，做到随见随除；二是及时摘除枯叶、老叶和病叶，改善植株间的通风透光性，以减轻病害的发生。

行家指点

　　摘除的匍匐茎、病叶、病果等应及时带出园区，集中深埋或销毁，切忌放在田间地头，以避免给草莓生产增添新的病原菌传播源头，影响园区整体生产环境。

为提高果实品质、减少采果和除萼工作量、提高果实的加工性能和鲜食的商品性，在草莓现蕾后要及时疏除瘦小的花蕾，一般疏掉20%~25%的晚弱花蕾。同时，在生产中要及时摘除病虫果，对

达到采收标准的草莓果实也应及时采摘。

5. 病虫鸟害防控

在草莓生长季节，应注重对草莓灰霉病、白粉病、炭疽病、叶斑病、红蜘蛛、二斑叶螨、蚜虫、蛞蝓、斜纹夜蛾、甜菜夜蛾等病虫害以及鸟害的防控。

行家指点

鸟害的防控对露地栽培草莓来说是一件尤为头疼的事情，一方面应尽可能设法减少鸟害对草莓果实的损害，另一方面还要注意对鸟的保护。因此，首先在选择地块时，应选择鸟害发生相对比较轻的田块；其次，在草莓生长季节，可适当架设有色防鸟网；也可采取其他一些防鸟措施如稻草人、光碟、驱鸟声响的应用等，但驱鸟时效都不长。

6. 防止春季霜冻

早春，草莓开始生长开花，如此时遇低温，则往往出现霜冻，花柱头变黑，受精能力丧失，果实膨大受阻丧失商品性。防止霜冻的主要措施有：一是选择通风良好、地势相对较高的地块，这些地块一般霜冻危害比较轻；二是采取一定的保温措施，如在植株上覆盖薄膜、无纺布或秸秆等；三是适当灌水，提高植株抗寒能力等。

行家指点

一旦气温过低，草莓花或幼果受到霜冻，就必须及时摘除受伤害的花和幼果，确保后序花的正常开花结果，使产量损失降低到最低限度。

62 >>>

第三章
脱毒草莓种苗繁育及示范推广

草莓极易感染病毒，草莓种苗生产系无性繁殖，感染病毒的母株会将病毒直接通过匍匐茎传递给子苗；蚜虫、蓟马、粉虱等刺吸式害虫也能传播病毒，导致病毒在草莓植株上不断地积累和蔓延（图3-1）。目前还没有防治病毒病发生的有效药剂，实现草

图3-1　草莓感染病毒

莓无病毒栽培的唯一有效途径就是脱除草莓植株中的病毒，获得无病毒原种，而后以此大量繁育无病毒苗，不断满足生产的需要。

行家指点

草莓感染病毒后通常不会死亡，但会造成生长势减弱，茎叶黄化，开花、结果数量减少，果实变小，成熟期推迟；严重时叶片皱缩、果实畸形、植株矮化，产量和品质大幅度下降（图3-2）。据调查，国内草莓产区病毒病非常普遍，带病毒株率达80%以上。

图3-2　病毒病田间危害

第一节 草莓组培脱毒技术

一、草莓脱毒方法

草莓脱毒通常有热处理、茎尖培养和花药培养3种方法。

1. 热处理脱毒

在特定的高温条件下热处理草莓植株，使其体内的病毒被钝化，长出的新枝叶或新植株则可能不带有病毒。

2. 茎尖培养脱毒

病毒在植株的各器官和组织中分布并不均匀，茎尖分生组织一般都不会感染或很少感染病毒。采用茎尖组织离体培养可以获得无病毒苗是目前草莓脱毒中应用最广的方法。

3. 花药培养脱毒

在草莓现蕾期采集处于单核期的花药，经过诱导培养形成愈伤组织，再经过分化、增殖、生根培养，可以脱除病毒，获得无病毒苗。

二、草莓茎尖脱毒苗生产的基本程序

草莓茎尖脱毒苗生产的基本程序如图3-3至图3-7。

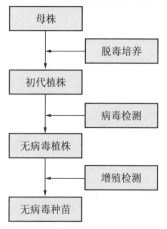

图3-3 草莓脱毒种苗生产流程　图3-4 草莓茎尖培养脱毒初代植株

图3-6 草莓脱毒苗驯化

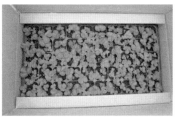

图3-5 草莓脱毒苗增殖 图3-7 草莓脱毒种苗包装

三、茎尖培养技术

1. 接种材料准备

（1）母株选择 取样的母株可在生产田中挑选，选择结果性状好、品种种性纯正的植株作为母株，入选的植株要挂牌标记或单独种植，防止品种混杂。

（2）匍匐茎选取 选取时间为5～6月，接种前选择母株发生的健壮匍匐茎，剪取长度为10～15 cm，取样后要立即将匍匐茎基部插在盛水容器中，防止失水。

（3）匍匐茎前处理 将田间匍匐茎除去不需要的部分，将所需部分切割至长度为5～8 cm，置于自来水龙头下流水冲洗15分钟，用洗衣粉水（每5 g洗衣粉兑水100 mL）浸泡10分钟，再用自来水冲洗30分钟。

（4）匍匐茎消毒处理 将经上述预处理、沥干水的匍匐茎放入广口瓶或烧杯，移至超净工作台，用70%乙醇灭菌10～30秒，再用0.1%氯化汞溶液灭菌10～15分钟或20%次氯酸钠溶液中8～10分钟，然后用无菌水清洗3～5遍，倒出、沥去最后一次清洗用水后备用。

2. 培养基

草莓培养通常采用MS培养基。

（1）母液的配置（表3-1）

表3-1　MS培养基母液的配置

母液种类	组成物质		配置方法
母液 I	NH_4NO_3	82.5 g	蒸馏水溶解后，定容到1 000 mL
	KNO_3	95.0 g	
	KH_2PO_4	8.50 g	
	$MnSO_4 \cdot 4H_2O$	1.115 g	
	$ZnSO_4 \cdot 7H_2O$	0.43 g	
	H_3BO_3	0.31 g	
	KI	0.415 g	
	$Na_2MoO_4 \cdot 2H_2O$	12.5 mg	
	$CuSO_4 \cdot 5H_2O$	1.25 mg	
	$CoCl_2 \cdot 6H_2O$	1.25 mg	
母液 II	$CaCl_2 \cdot 2H_2O$	22 g	蒸馏水溶解后，定容到500 mL
母液 III	$MgSO_4 \cdot 7H_2O$	18.5 g	蒸馏水溶解后，定容到500 mL
母液 IV	Na_2-EDTA	1.865 g	蒸馏水溶解后，定容到500 mL
	$FeSO_4 \cdot 7H_2O$	1.30 g	
母液 V	肌醇	10 g	蒸馏水溶解后，定容到500 mL
	烟酸	50 mg	
	盐酸吡哆醇	50 mg	
	盐酸硫铵素	10 mg	
	甘氨酸	200 mg	

（2）培养基配置 以配置1 000 mL培养基为例，具体操作步骤如下：

① 在1 000 mL的烧杯中先加入少量蒸馏水，分别添加母液Ⅰ20 mL，母液Ⅱ、Ⅲ、Ⅳ各10 mL，母液Ⅴ5 mL。

② 加入蔗糖30 g。

③ 根据用途培养基分为初代培养基、增殖培养基和生根培养基，要根据其不同用途、不同草莓品种对应添加不同种类的生长调节剂。

④ 用玻璃杯充分搅拌后，再用蒸馏水定容到1 000 mL。

⑤ 调节pH值至5.7～5.8。

⑥ 添加琼脂粉7～8 g。

⑦ 加热至琼脂粉溶解后分装到试管或培养瓶中。

（3）培养基灭菌 分装完成后，将试管或培养瓶放入高压灭菌锅中，在温度121 ℃时，高压灭菌15分钟，灭菌结束后及时取出，冷却后放入无菌接种室中待用。

3. 无菌操作步骤

① 接种3天前用甲醛熏蒸接种室，接种前3小时打开紫外线灯进行杀菌。

② 在接种前20分钟，打开超净工作台的风机以及台上的紫外线灯。

③ 接种员先洗净双手，换好专用实验服。

④ 上工作台后，用酒精棉球搽拭双手，然后搽拭工作台面。

⑤ 先用酒精棉球搽拭接种工具，再将镊子和剪刀从头至尾过火一遍，然后反复过火尖端处。

⑥ 接种时，接种人员双手不能离开工作台，不能说话、走动或咳嗽等。

⑦ 在接种过程中要经常灼烧接种器械，防止交叉污染。

⑧ 接种完毕后要清理干净工作台，用紫外线灯灭菌30分钟。

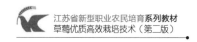

4. 初代培养

在无菌条件下，取已消毒的匍匐茎生长点0.2～0.5 mm，接种到已灭菌的培养基上，1周左右茎尖转绿并萌动，20～30天形成芽丛。

5. 继代培养

无菌条件下将已分化的芽丛切割，转入增殖培养基中进行增殖。45天后每个芽可获5～7个腋芽芽丛。

6. 生根培养

当增殖芽数量达到生产要求时，转入生根培养基中进行生根培养。生根时间为20～30天。

7. 驯化培养

当生根苗的根系长度达到1.5 cm时，将瓶苗移到温室中，逐步开启培养瓶盖，驯化3～5天，然后将苗取出，清洗掉沾在根部的培养基，将苗定植于营养钵或穴盘中驯化培养。驯化培养条件：温度18～25 ℃，湿度85%～100%，遮阳网遮光50%，新根生出后去除遮阳网。待苗长出4～5片新叶时，就可以作为原种苗进行移栽种植。

四、病毒检测

行家指点

对于每一个由茎尖组织产生的植株，必须经过检测无病毒，才能作为无病毒原原种繁殖。检验草莓苗是否脱除病毒的方法有PCR分子检测法和指示植物检测法。

指示植物检测法需要用UC1、UC5等指示植物，具体方法为：将指示植物和待检植株栽在小花盆中，并不断去掉指示植物发出的匍匐茎，使叶柄加粗。当叶柄达到2 mm以上的粗度时，先从待检植株上剪取成熟叶片，剪去两边小叶，仅取中间一小叶带叶柄1.0～1.5 cm，用锐利刀片把叶柄削成楔形作为接穗，然后选取健壮的指示植物，剪去中间小叶作为砧木，在两叶柄中间向下纵切1条长1.5～2 cm的切口，再把待检接穗小叶片插入指示植物切口内。嫁接后为保证成活，用蜡质薄膜或塑料袋包扎嫁接口，每株指示植物可嫁接2个待检接穗。嫁接后将整个指示植物的花盆套上塑料袋，以保证湿度。先在25 ℃的温度条件下非阳光直射处放置2～3天，然后移到25～28 ℃、光照充足的环境下，每隔2～3天换一次气，7～10天后去掉塑料袋，并开始分批去掉未嫁接叶片，促进幼叶发生，4～6周即可鉴定出有无病毒。一般每个待检植株要接种3株以上，根据指示植物症状表现，确定病毒种类和侵染程度。

第二节　草莓脱毒苗繁育技术

一、育苗地选择

选择地块平整，土壤疏松肥沃、排灌方便、雨季不积水、未种植过草莓的地块，远离草莓生产园地的水稻田作为育苗田较为理想（图3-8）。

图3-8　草莓脱毒种苗露地育苗

二、土壤处理

土壤消毒是一种高效快速杀灭土壤中真菌、细菌、线虫、杂草、土传病毒、地下害虫、啮齿动物的技术，能很好地解决草莓重茬问题。土壤消毒步骤如下：

1. 施肥和整地

整地之前，应清除地块内残留的秸秆、枯枝、残根等。土壤颗粒是否细小均匀是影响土壤熏蒸效果的最重要因素之一，应先施入农家肥，然后深耕30 cm左右，使土壤疏松，保持通透性，因为熏蒸气体不可能渗入到大块结实的土团内。

2. 漫灌

在施药前，必须使施药层土壤含水量达60%～70%（湿度以手捏土能成团，1 m高度掉地后能散开为标准），并维持3～5天以上，以便让线虫和病原菌及草籽萌动，更容易被熏蒸药剂杀死。

行家指点

在土壤湿度合适的情况下，各种病原对药剂处于敏感状态，杂草种子开始萌发，它们处于这种发育状况，更容易被熏蒸药剂杀死。

3. 撒药

施药时可以使用颗粒剂撒布器或手撒，使之均匀地散布在土壤表面。白色颗粒剂在土壤表面清晰可见，因而易于检查分布情况，以保证均匀程度。药剂用量为每亩15～20 kg。为避免土壤受二次污染，农家肥一定要在消毒前施入。

4. 旋耕混土

施药后马上用旋耕机混均土壤，深度为30 cm左右，使药剂与土壤充分接触。温室、大棚内使用要确保立柱和边角用药到位。

5. 盖膜

旋耕混土后立即覆盖不透气的塑料膜，最好在2～3小时内完成，以减少有效成分挥发。塑料膜相连处用开沟压边法（内侧压土）密封好，如大棚中有立柱，也应将立柱周围的土壤消毒到位，不留死角。密封消毒，在土温为12～25℃时，处理15～20天（覆盖熏蒸时间越长越好），塑料膜厚度不得小于0.04 mm，如塑料膜有破损处，则应用塑料胶带进行修补。

6. 敞气

消毒完成后，可揭去薄膜，打开通风口。应该揭膜通风并疏松土壤1～2次，并使之充分换气7～10天，不要将原本的混土加深。下层未处理过的土壤决不能翻动到上面。

7. 安全测试

在施药处理的土层内随机取土样，装半玻璃瓶，在瓶内放粘有小白菜种子的湿润棉花团，然后立即密封瓶口，放在温暖的室内48小时，同样取未施药的土壤做对照。

如果施药处理的土壤有抑制发芽的情况，则应再松土通气，几天后按同样的方法再做，在确定土壤中不再有熏蒸药剂后栽种作物。利用水稻田育苗时，为防治地下害虫，每亩施1～2 kg辛硫磷，撒施，浅翻3～5 cm。

三、定植

1. 种苗选择

选择脱毒苗作为种苗。

2. 定植时间

春季日平均气温达到10℃以上时定植种苗，通常定植时间以3月下旬至4月中旬为宜。

3. 苗床准备

每亩施腐熟有机肥5 000 kg，硫酸钾复合肥8～10 kg，耕匀耙细后做成宽200～250 cm的高畦，确保雨季畦面不积水。

4. 定植方式

种苗可在畦两侧双行或畦的中间一行定植，株距60～80 cm，一般每亩栽600～800株。植株定植的合理深度是苗心茎部与地面平齐，做到深不埋心，浅不露根。

四、田间管理

1. 肥水管理

定植后要浇透定根水，种苗成活后，必须保持土壤湿润，以促发匍匐茎。根据生长势每隔10～15天浇施1次速效肥。在匍匐茎大量发生季节（一般5月下旬至6月上旬），在母株周围每亩撒施45%硫酸钾复合肥5～10 kg。梅雨季节要及时排水防涝，7～8月高温干旱季节必须注意抗高温干旱保苗。8月中旬以后停止施氮肥，可以喷施0.2%的磷酸二氢钾2次。

2. 植株管理

母株花茎和老叶及时摘除。

当匍匐茎发生后，将匍匐茎摆布均匀，用细土将匍匐茎前端向有生长位置的床面引压地面，并在子苗的节位上培土压蔓，促进生根；出现无根苗时，应及时重新培土。

行家指点

8月上旬后严格控氮，适度控水，喷施0.2%的磷酸二氢钾叶面肥2次，覆盖遮阳网，促进花芽分化。

在8月份，每亩苗数达3万株左右时，及时去掉多余的匍匐茎，每母株保留50个左右匍匐子苗。经常摘除老叶、病叶及后期发生的匍匐茎，一般15~20天摘叶1次，以每株苗留3~4叶为宜，一般到8月20日止。

3. 中耕除草

生长前期要经常进行中耕划锄，提高地温，保持墒情，促进种苗及早进入旺盛生长期，生长中后期要及时人工除草。

五、病虫害防治

虽然经过前期的种苗脱毒、土壤消毒、合理的田间管理等步骤，但草莓病虫害问题依然是值得重视的大问题。加强对病虫害的综合防治，"治早、治小、治了"显得尤为重要，这是实现草莓高产稳产的关键环节。

1. 主要病虫害

（1）主要病害　炭疽病、白粉病、灰霉病、叶斑病、病毒病、芽枯病、根腐病和线虫。

（2）主要虫害　螨类、蚜虫、蓟马、白粉虱。

2. 防治原则

以农业防治、物理防治、生物防治和生态防治为主，科学使用化学防治技术。

3. 防治方法

（1）农业防治　选用抗病虫品种，使用脱毒种苗。栽培中发现病株、叶、果，及时清除烧毁或深埋；收获后深耕40 cm，借助自然条件，如低温、太阳紫外线等杀死土传病菌；深耕后利用太阳热能进行土壤消毒；合理轮作。

（2）物理防治

① 黄板诱杀。利用粉虱和蚜虫对黄色有趋向性的特点进行黄板

诱杀。每亩行间挂50～60块（每块15 cm×30 cm）。当板上粘满白粉虱和蚜虫时，可再涂一层机油。

②防虫网阻隔。在育苗畦上搭棚盖25～40目的防虫网阻隔防蚜和白粉虱。

③驱避蚜虫。在育苗畦上挂银灰色地膜条驱避蚜虫。

（3）生物防治　在封闭式的育苗畦内，当白粉虱成虫密度在0.2头/株以下时，每5天释放丽蚜小蜂成虫3头/株，共释放3次，可有效控制白粉虱危害。

（4）药剂防治

●虫害防治

◎地下害虫　金针虫、地老虎、蝼蛄等均用48%乐斯本800倍液或40%辛硫磷1 000倍液防治。

◎斜纹夜蛾　用2%菜喜1 000倍液，或5.7%百树得1 500倍液，或5%抑太保2 500倍液喷雾防治。

◎蚜虫　用10%吡虫啉3 000倍液，或3%虱蚜威1 500倍液，或1%阿维菌素2 500倍液喷雾防治。

◎螨类　用24%螺螨酯（螨危）悬浮液3 000倍液，或20%哒螨灵2 000倍液，或73%克螨特2 000～3 000倍液喷雾防治。

◎蓟马　结合蓝板诱杀的同时用乙基多杀菌素（艾绿士）1 500倍液，或5%啶虫脒可湿性粉剂2 500倍液，或1.8%阿维菌素喷雾防治。

●病害防治

◎炭疽病　夏季高温多雨天气草莓苗极易发生炭疽病，要在雨停间歇期，选用25%硅唑·咪鲜胺可溶液剂1 200倍液，或20%苯醚甲环唑（炭伏）微乳剂1 500倍液，或40%克菌·戊唑醇1 000倍液，或60%吡唑醚菌酯·代森联（百泰）水分散粒剂800倍液等喷施预防。当发现感染炭疽病时，应用25%吡唑醚菌酯（凯润）乳油1 500～2 000倍液，或32.5%苯甲·嘧菌酯（阿米妙收）悬浮剂1 500

倍液，或75%戊唑醇·肟菌酯（拿敌稳）水分散粒剂3 000倍液，或43%戊唑醇（好力克）悬浮剂4 000倍液等进行防治，每3～5天喷雾1次，连续防治3～5次。

◎灰霉病 用达克宁600倍液，或2.5%适乐时1 500倍液，或10%速克灵800倍液，或5%多抗灵400倍液喷雾防治。

◎白粉病 用3%烯唑醇2 500～3 000倍液，或70%大生700倍液，或0.3波美度石硫合剂，或5%多抗灵400倍液，或2%农抗–120的200倍液喷雾防治。

◎叶斑病 参照炭疽病防治。

六、种苗出圃

8月下旬至9月壮苗可大量出圃。起苗前2～3天适量浇水。从苗床一端起苗，取出草莓苗，去掉老叶、病叶，剔除弱苗、病虫危害苗，分级，运输，并在8月下旬至9月上中旬及时栽植（图3-9）。

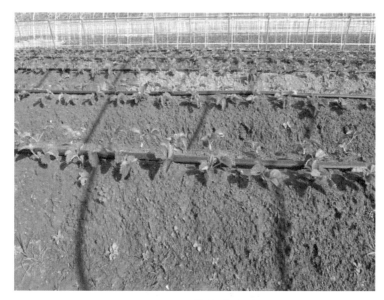

图3-9 草莓栽植

第三节　脱毒草莓示范推广

要点提示

　　草莓在生产上容易感染多种病毒病，感病草莓变小、品质差，生长缓慢，一般减产30%～80%，并逐年加重，目前还没有药剂可以防治。实现草莓无病毒栽培的有效途径是首选栽培脱毒苗。

一、草莓脱毒苗在生产上的优势

　　脱毒苗生长快，长势旺，茎叶粗壮，用脱毒原种苗繁育脱毒生产苗，繁殖系数高达50～100（图3-10至图3-13）。脱毒苗植株抗病，耐高温或抗寒性大大增强。病虫发生少，农药用量显著减少，可大幅度降低农资成本和劳动力成本。

图3-10　草莓脱毒生产苗与普通生产苗比较

图3-11　草莓脱毒生产苗田间长势

图3-12　地栽草莓脱毒苗长势

图3-13　架设栽培草莓脱毒苗长势

　　脱毒草莓每株开花数多，花序数、坐果率平均增加50%左右，无畸形果，果实质量达到特级或一级；果实外观好，色泽鲜红，均匀整齐，果大，平均单果重增加20%~30%（图3-14，图3-15）。脱毒草莓结果期长，一般延长20~25天，边成熟边开花，不早衰，有利于分批上市。产量高，脱毒苗比同品种未脱毒苗每亩可增产

图3-14　地栽脱毒苗结果

图3-15　架设栽培脱毒苗结果

500～1 000 kg，经济收益增加30%以上。草莓脱毒苗结果后还可繁殖出系数20～50倍以上的种苗，每亩出售种苗的经济效益可达6 000～8 000元。

行家指点

草莓脱毒苗在生产上明显的增产效益可连续保持3年以上，可谓是"一年投资，多年受益"。

二、建立全省脱毒草莓繁育体系

要点提示

加快示范推广草莓脱毒栽培技术的关键是建立全省脱毒草莓繁育体系，包括建立省级草莓脱毒苗原种中心、组织草莓重点县建立脱毒草莓种苗繁育协作大户、建立草莓脱毒种苗生产和供应协作网等。

江苏全省建立南京花山现代园艺有限公司、江苏省农业科学院园艺研究所、扬州邦达蔬菜研究所、铜山嘉祥草莓合作社、东海县蔬菜栽培技术指导站等5个草莓脱毒苗原种中心，其中南京花山现代园艺有限公司以扬州大学为技术依托，集成开发脱毒草莓工厂化育苗技术，采用茎尖组织培养脱毒技术，建成专业化、规模化脱毒草莓工厂化育苗基地，年生产脱毒草莓原种苗100万株以上，通过育苗大户再培育可生产1亿～2亿多株脱毒草莓生产苗（图3-16，图3-17）。江苏省园艺技术推广站和省草莓协会组织东海、邳州、铜山、海门、溧水、句容、溧阳、宜兴等草莓生产重点县建立脱毒草莓种苗繁育协作大户100多户，大面积采用大田避雨育苗法、子苗扦插移栽避雨育苗法和架式穴盘基质避雨育苗法开展脱毒'红颊''章姬'等品种草莓避雨育苗。年繁育脱毒草莓种苗3亿多株，推广脱毒草莓面积4万多亩，其中东海1万亩，邳州6 000亩，使该项技术在江苏省草莓主产区的应用率提高20%以上，亩产与亩效益均提高40%以上。

图3-16　南京花山现代园艺有限公司草莓脱毒原种苗生产

图3-17　南京花山现代园艺有限公司草莓脱毒原种苗包装

　　需要说明的是，脱毒草莓种苗的繁育与推广是科研单位、技术人员的任务，对于广大草莓生产农户来说，只要选用有资质、重信誉、可咨询的科研推广部门推荐的无毒种苗就可以了。种苗无毒，生产无忧。

第四章
草莓优质种苗培育及促成花芽分化

要点提示

　　草莓育苗是草莓生产的重要环节，俗语有"苗好七成收"的说法。目前，草莓育苗主要采取较为简单粗放的露地土壤育苗，这种方法对抗病性较强的欧美品种较为适合。然而随着人们对草莓鲜食品质要求的提高，源自日本的'红颊''章姬'等优质品种的栽培面积逐年增加，但这些品种耐热性、抗涝性差，高温多雨的夏季易感染炭疽病、疫病等多种病害。常规露地育苗条件下，感病株率甚至高达100%，死苗现象严重，繁殖系数极低。感病后幸免存活的植株定植到采果大田，仍会陆续发病，定植后成活率也只有60%~70%。因此，严重制约着优质品种的推广应用。经过多年研究，目前已形成了一套较为完善的无病壮苗繁育技术体系，'红颊''章姬'培育无病壮苗获得成功。

第一节　基质穴盘扦插培育无病母苗

一、匍匐茎子苗特点

　　随着秋冬气温下降，即使感染了炭疽病、疫病的草莓苗也不表现症状，呈潜伏状态，等到来年条件适宜时，再暴发病害。这种苗若直接用作种苗进行繁育，病害很难控制。然而，炭疽病、疫病是不随匍匐茎汁液传导的，也就是说，即使感染了炭疽病、疫病的草莓植株，发生的匍匐茎子苗也不带病。而土传病害（黄萎病、枯萎病）则不然，只要植株感染了该病，其发生的匍匐茎子苗均带病。

二、亲苗选定

每年秋季定植到采果田的生产苗，现蕾前每株会抽生2～3条匍匐茎，选择长势健康，没有土传病害感染的植株作采集匍匐茎子苗的亲苗。

三、子苗切离母体

当匍匐茎子苗根颈部弯曲到与匍匐茎呈90°夹角的"烟斗"状，且带有2～3张叶片时即可切离母体进行扦插。

四、基质穴盘扦插

用充分腐熟的砻糠和草炭基质按体积比7∶3配置成扦插基质，能有效防止使用带病土壤导致的土传病害。将配置好的基质填装到54 cm×27 cm的15孔或32孔穴盘中（图4-1）。

剪取匍匐茎子苗时，留10～15 cm长的匍匐茎进行剪截，扦插时将子苗根茎部埋入基质中，匍匐茎一端弓曲后也插入基质中，帮助吸水，促进成活（图4-2）。

图4-1　草莓穴盘扦插苗

图4-2　剪取匍匐茎子苗

五、妥善保管

将扦插好子苗的穴盘摆放在地势高燥不积水的田块或设施大棚

内。摆放穴盘前地面最好先铺设稻草、稻壳或地膜隔绝土壤，这样既能防止泥水飞溅将炭疽病从土壤传播到植株上，又能防止扦插苗根系穿透穴盘底部渗水孔后接触带病土壤产生土传病害感染。

六、扦插后管理

扦插后，结合灌水的同时进行苗体消毒，可用70%甲基托布津1 000倍液进行喷粗雾。活棵正常后，每隔15～20天追施1次500～1 000倍有效养分含量45%的硫酸钾复合肥液。随着苗体长大、根系伸长，要及时将扦插苗移栽到容积相对较大的营养钵中，防止扦插苗根系蜷曲，影响小苗正常生长，直至最后移栽到直径20 cm的大花盆中。这样，准备繁苗用的母苗就算培育成功了。

第二节　大棚土壤避雨育苗

要点提示

　　大棚土壤避雨育苗，是一种通过避雨措施切断病原传播途径的土壤育苗方法。

一、田块选择

选择地势平坦，排灌方便，前作最好是没有种过草莓或西瓜的水稻田来搭建避雨大棚。

二、避雨棚搭建

棚管选用直径25 mm的热镀锌管，棚管间距1 m，大棚跨度控制在6～8 m（图4-3）。在大棚四周距离地面1.5 m高度布置一道卡槽用来固定塑料薄膜，卡槽以下漏空，以利通风散热。

大棚两侧每架钢管之间挖洞埋设预埋件以固定压膜线，压膜线要对拉收紧，防止大风将棚顶薄膜掀飞或造成撕扯损坏。

图4-3　避雨棚搭建

三、做畦

6 m宽避雨大棚，每棚做2畦，畦宽控制在2.5 m左右，畦间留宽50 cm、深25 cm的作业道兼排水沟；8 m宽避雨棚，每棚做3畦，畦宽控制在2 m左右，畦间同样留宽50 cm、深25 cm的作业道兼排水沟。

四、定植母苗

4月上中旬将培育好的脱毒母苗去掉容器后定植到避雨大棚内。畦宽2 m的可在畦中间定植一行母苗，畦宽2.5 m的可在畦两侧各定植一行母苗。母苗定植间距为0.5 m，每亩大棚定植母苗数为800～1 000株（图4-4）。

图4-4　草莓大棚土壤避雨育苗

五、肥水管理

1.肥料管理

按每亩大棚繁殖3万株草莓苗计算，每株草莓苗需纯氮80 mg，做畦整地时需施入有效养分含量为45%的硫酸钾复合肥16 kg。此外，为了促进母苗抽生匍匐茎，母苗定植后的4～5月份每隔10～15天追施一次500～1 000倍45%硫酸钾复合肥液。

2.水分管理

采用滴灌或畦间沟底洇水的方式给水。滴灌给水时，每畦栽种两行母苗的情况下，正对两行母苗铺设两条滴灌带，两行母苗中间再铺设两条滴灌带；每畦栽种一行母苗的情况下，正对畦中间母苗铺一条滴灌带，母苗两侧再各铺设一条滴灌带。

行家指点

沟底洇水是将水直接放入沟中，水深以不漫畦面为度，通过水分的渗透扩散作用进行给水，畦面渗透均匀后立即将沟底余水排出棚外。

六、子苗管理

1.匍匐茎诱引

随着匍匐茎的不断抽生，要及时将匍匐茎均匀排布在畦面上，子苗和子苗间距保持在10～15 cm，并将子苗根茎部浅埋入土壤以促进生根。

2.去除母苗

当匍匐茎子苗布满畦面时要及时去除母苗，同时利用高级次子苗继续将其空缺部分接满。

3. 合理摘叶

最早发生的一级子苗，早期繁苗时充当了母苗的"二传手"作用，抽生出大量的二级子苗，扩大了繁殖系数，但由于自身长势太旺、生育期太长，等到定植时已成为老化苗，产果能力大幅度下降。因此，当二级子苗扎根活棵正常后，一级子苗留2～3叶进行重摘叶，抑制其过度生长，使其一直维持在幼苗状态。其他级次的子苗始终保留在4张叶片进行摘叶处理。

4. 切断匍匐茎

当子苗扎根活棵后，从低级次向高级次循序切断匍匐茎，确保切断匍匐茎后的子苗在不萎蔫的情况下能独立生长。

5. 后期适当控水

进入繁苗后期的8月份，要适当控制水分供给，防止草莓苗徒长，形成高脚苗，同时影响花芽的正常分化。

第三节 架台式穴盘基质避雨育苗

要点提示

架台式穴盘基质避雨育苗是在避雨棚内搭建架台，架台上摆放穴盘，穴盘内填装基质，在有效防治病害的同时，肥水可人为调控的一种省力化育苗方法。

一、育苗架台搭建

跨度8 m的避雨棚可搭建3～4条架台，架台间距70～80 cm，架台宽140～168 cm、高80～100 cm，长度根据大棚长度而定。

架台搭建时，首先用长1.3 m、直径25 mm的镀锌管，横向间隔140～168 cm，纵向间距216 cm，平行对应固定2排立柱，立柱插入地下30～50 cm，地上净高留0.8～1 m。立柱顶端横向、纵向再用直径19 mm的镀锌管连接固定，形成一个长方形架台的框架。在横向连接镀锌管上间隔14 cm、纵向连接镀锌管上间隔28 cm，用14#热镀锌铁丝将架台表面的格档编成网状架面（图4-5）。

图4-5　育苗架台搭建

二、穴盘排放

将长、宽分别为54 cm、28 cm的15孔育苗穴盘有序排列在用铁丝编成的网状架台上，刚好使穴盘的穴孔突入到铁丝下面，使穴盘面与整个架面吻合。每亩避雨大棚可排放2 770～3 080只穴盘（图4-6）。

图4-6　草莓育苗穴盘排放

三、基质填装

用前述腐熟发酵的砻糠和商品草炭基质按体积比7：3配置成育苗基质，基质填装时要将穴孔填满装实并略超过穴盘的上口面，使穴盘表面覆盖的无纺布与基质接触。

四、覆盖无纺布

安全、高效的给水法是草莓穴盘育苗的关键技术所在。常规的喷灌虽能达到灌溉效果，但是喷淋犹如降雨，很容易造成炭疽病暴发；人工浇水，要想及时有效地将每个穴孔水分补充到位并维持一定湿度，大面积生产上是很难做到的。利用无纺布给水，就是用规格为60 g/m^{2}的可渗透无纺布覆盖于装满基质后的架台表面，四周用棚管夹将无纺布固定在镀锌管上，将滴到无纺布上的水分均匀扩散渗透到穴盘的基质中，达到安全高效给水的效果（图4-7）。

图4-7 覆盖无纺布

五、母苗上架

4月上中旬，将培育好的无病母苗移栽到直径30 cm的大花盆中，同时施入5%体积比的商品有机肥作基肥，将盆栽母苗整齐排放于覆盖好无纺布的育苗架台中间。每条架台放置一行母苗，间距30 cm，每亩架台放置母苗数为830～1 100株（图4-8）。

图4-8　草莓母苗上架

六、母苗管理

1. 肥水管理

正对每行母苗铺设一条滴灌带，与设置于高处的水箱相通，在滴水管管道上配置调节水量和滴水速度用的控制调节阀。为了促进母苗抽生匍匐茎，应及时利用滴管给母苗补水，使花盆中基质湿度一直保持在适宜草莓生长的范围内。同时，随着母苗不断生长，根系会出现老化现象，结合灌水每隔7～10天补施一次500～1 000倍45%硫酸钾复合肥液，促使新根不断萌发和生长，使母苗一直维持在生长旺盛的幼苗状态。

2. 摘老叶、去花序

为了减少养分无效消耗，减轻病虫害发生，应及时摘除母苗发生的花序和基部的老化叶片，保留8～10张功能叶进行植株整理。

3. 匍匐茎整理

随着母苗匍匐茎大量发生，及时将匍匐茎向架台两侧平行诱引，确保匍匐茎之间不交叉重叠（图4-9）。

图4-9 将匍匐茎向架台两侧平行诱引

七、子苗接种

6月中下旬，布满架面的匍匐茎子苗按照一穴孔一棵苗的原则，用锐器刺破无纺布后将子苗弯曲的根茎部埋入穴孔的基质中，并用"U"形铁丝加以固定（图4-10）。

图4-10 用"U"形铁丝固定

八、子苗管理

1. 水分管理

保证子苗根茎部湿润是促进子苗生根的关键措施。因此，子苗接种后应立即铺设滴灌带给水。滴灌带在架面上呈纵向平行排列，滴灌带经济合理的间距应控制在10～17.5 cm，在此范围内随着间距缩小，穴盘中基质的水分差异性越小。每条滴灌带上都配置有调节水量和滴水速度用的控制调节阀，用来控制给水量和给水速度，通过无纺布的渗透扩散作用，使基质中的水分含量一直维持在适宜草莓生长的15%～25%之间。

2. 苗龄控制

行家指点

所谓苗龄，是指连接子苗的匍匐茎，从切断之日成为一个独立生长苗算起，到大田定植所经过的天数。

苗龄在50～60天的苗产量最高；苗龄超过80天的老化苗，采果后期容易脱力；苗龄短于40天的嫩苗，花芽分化迟，前期产量低。为了确保定植时（9月上中旬）苗龄适中，一般在子苗接种后2周（7月上中旬），子苗扎根活棵后，由低级次向高级次循序切断匍匐茎，确保切断匍匐茎后的子苗不萎蔫。

3. 肥料管理

子苗切离母体后，只能靠自身合成营养物质来独立生长。此时，科学合理地为子苗提供必需养分显得尤为重要。繁育一株壮苗的需氮量为80～100 mg，施氮量低于这个标准，植株瘦弱、叶片黄化，定植到大田后，过早开花，由于果实负担加重，植株一直长不起来，甚至出现无芯植株，导致产量下降；氮肥施用过量，植株徒长，花芽分化推迟，同时苗体抗病性下降，容易感染炭疽病。

按每亩繁苗数41 000～46 000株计算，每亩合理需纯氮量为3 280～4 600 g，折合养分含量为45%的硫酸钾复合肥，每亩需肥量22～31 kg。在苗生长旺盛的6～7月份，将总需肥量分4～5次稀释成0.2%～0.3%浓度的液肥，随滴灌系统均匀渗入基质中。

4. 合理摘叶

摘叶的方法、标准同大棚土壤避雨育苗。

5. 后期适当控制给水

进入繁苗后期的8月份，适当控制给水，以草莓苗不发生萎蔫的基质含水量（15%～20%）为度，有促进草莓花芽提早分化的效果。

九、壮苗标准

壮苗标准：苗龄50～60天，苗高15 cm以内，根茎粗度0.8～1.0 cm，新展开的第三张叶片的叶柄长度13～16 cm，叶柄粗度3.5 mm，叶片中硝态氮浓度50 mg/kg；无病虫害。

第四节 促进花芽分化

一、花芽分化的条件

1. 日照长短与温度

草莓在高温、长日照的夏季，以抽生匍匐茎的营养生长为主。从晚夏到初秋，当气温降到25 ℃以下，植株感受到日照长度不断缩短的条件下，茎顶生长点便开始由营养生长转向花芽分化的生殖生长。

气温高于25 ℃，即便满足短日照条件，草莓的花芽形成也会受到阻碍；气温在15～25 ℃范围内，只要日照不超过13.5个小时，均能起到诱导花芽分化的效果，不过随着温度升高，花芽分化所需的天数会延长；若温度降到4～15 ℃，则不论日照长短如何，花芽分化

都能顺利进行；当气温下降到4 ℃以下，植株为了抵御低温而被迫进入休眠，生长速度极度缓慢，花芽形成停止。

2. 氮素营养和碳水化合物营养

植株体内氮素浓度低下，有促进草莓花芽分化的效果。但是，苗期施肥中断过早，则会有花芽分化延迟的现象，这是由于氮肥严重缺乏，植株处于完全饥饿的状态下，包括叶片展开等所有植物生长现象几乎处于停滞状态，尽管生理层面上有花芽分化的可能，但茎顶分裂组织的细胞分裂速度非常缓慢，形态学上的花芽分化需要经过很长时间。因此，为了促进草莓苗整齐、良好地进入花芽分化，叶柄中的硝态氮浓度应控制在100 mg/L（硝态氮占叶柄干物重约0.01%）以内，外观上草莓新生第三叶看上去有点缺氮，但又没有到黄化的程度。

草莓幼苗期根系少，叶片占的比例高，碳水化合物不足，碳、氮比率（C/N）低，植株倾向于营养生长；随着苗龄延长，根系、根茎不断充实，碳水化合物不断积累，碳、氮比率逐步增大，苗的幼嫩性随之消失，花芽分化得以顺利进行。

二、花芽分化诱导

1. 低温黑暗处理

低温黑暗处理，是将苗放入温度设定在15 ℃、完全没有光照的冷库内，连续处理2周，以促进草莓花芽分化的一种方法。除了利用商业用大型冷藏库外，还可以利用果实预冷库或防空洞进行处理。处理期间几乎不用任何管理，是一种比较省事的诱导花芽分化技术，但处理效果取决于苗的氮素营养水平、苗龄、处理开始时期、处理温度及处理天数等因素（图4-11）。

草莓叶柄中硝态氮浓度低于1 000 mg/kg的情况下，浓度越低，花芽分化的进程越快，诱导花芽分化的株百分率也越高。以苗龄50天以上的处理效果为好，苗龄太短的小苗，贮藏养分少，处理后期

图4-11 低温黑暗处理促进草莓花芽分化

生长点部位营养不良，处理有效株率低。处理时间以定植前的8月中下旬开始。过早，虽然诱导生长点向花芽分化方向发展，若处理后花芽未能达到一定的发育阶段，定植到大田后遇到高温条件，则还能使植株重新转回到营养生长状态。处理温度以10～15 ℃效果好。处理天数一般控制在15天左右。天数过长，即使花芽分化良好的植株，由于长时间得不到光照，体内贮藏养分消耗较大，定植后开花日反而延迟，顶花序的小花数也显著减少。

2. 低温短日照处理

行家指点

与低温黑暗处理相比，低温短日照处理苗体的养分消耗少，在诱导花芽分化的同时，也有利于花芽的顺利发育，定植后也有利于植株的正常生长。为了提高设施利用率，可采用小型营养钵育苗或联体穴盘育苗，以增加处理苗数。此外，在育苗大棚内直接装配空调机制冷，棚顶覆盖能随时开闭的高密度遮光网进行短日照处理，可以大幅度降低设施费用和人工处理成本。

　　8月上中旬开始，每天下午5时至次日上午9时，将苗移入既能控温又能避光的专用设施内，接受10～15℃的低温短日照处理，白天移到设施外进行浇水并接受太阳光照。保持昼夜平均温度在20℃以下，20天左右花芽就可分化。花芽分化确认后，8月底或9月初定植到田里，10月上旬覆盖薄膜，11月上旬就可以采收（图4-12）。

图4-12　低温短日照处理促进草莓花芽分化

第五章
草莓优质高效栽培配套技术

第一节　连作障碍防治技术

近年来随着设施草莓栽培技术的快速发展，草莓连作障碍问题也日益严重。特别是江苏省东陇海线日光温室草莓产区和苏南、苏中大棚草莓产区由于多年连作，导致草莓病虫害滋生和蔓延，土壤有机质含量下降，浅土层盐基浓度障碍加重，草莓生长发育不良，轻者减产减收，重者绝收，效益显著下降。

一、连作障碍形成的主要因素

1. 病原微生物的积累

在同一地块连续栽种草莓多年，导致土壤微生物群落发生很大变化，线虫和病原菌大量繁殖，病虫害发生严重。土壤中的草莓黄萎病和枯萎病病菌，由植株根部机械损伤处侵入根中，开花

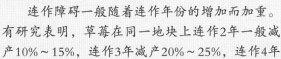

行家指点

连作障碍一般随着连作年份的增加而加重。有研究表明，草莓在同一地块上连作2年一般减产10%～15%，连作3年减产20%～25%，连作4年以上减产40%以上，严重影响了草莓的生产效益，制约了草莓的可持续发展。因此，防除连作障碍是目前设施草莓生产中亟待解决的问题。

结实期地温升高，病菌繁殖较快，叶片变短，长势衰弱，全株矮化，须根变成黑褐色而腐烂，最后全株枯死（图5-1）。在引起草莓连作障碍的因素中，土传病害为主要因素，也是比较难以克服的因素。

图5-1　病原微生物引起的草莓死苗

2. 土壤理化性质恶化，养分平衡失调

设施草莓多年重茬后，因土壤得不到淋溶，加之浅耕以及土表施肥、排灌系统不配套等原因，导致浅层土有害盐类积累加重，理化性质恶化，土壤板结，通透性差，需氧微生物的活性下降，影响草莓根系的生长。由于连年栽种草莓，土壤中草莓所需养分逐年减少，根系周围的养分平衡失调，导致减产（图5-2）。

3. 根系分泌物积累

草莓根系在正常的生理代谢过程中，常分泌出一些对自身有害

图5-2　盐基障碍

的物质，草莓连作使有害物质逐年积累，致使草莓生长受阻，发育不良。

二、连作障碍的综合治理

要点提示
　　连作障碍的根基在土壤，土壤是草莓生长发育的基础条件，连作障碍不解决，再好的品种、再好的栽培技术都是无用的。连作障碍的防除是草莓种植的第一个环节，也是根本环节。

1. 选用抗病品种

适宜设施栽培的品种很多，其中有的品种很抗病，如'明宝'，而'红颊'就不抗病。但品种的抗病性也是有一定局限性的。

2. 改连作为轮作制

提倡一年一栽制，一年一倒茬，草莓与其他农作物实行合理的轮换倒茬栽植，是目前解决重茬减产的一种有效办法。轮作倒茬会使有寄主专化性的病原物得不到适宜生长和繁殖的寄主，从而减少病原物的数量。轮作还可以调节地力，提供肥力，改善土壤的理化性能。常见的如水旱（草莓－水稻）轮作，由于土壤经过长期淹水，改变了土壤微生物环境，既可使土壤病害及草害受到有效控制，还可以水洗酸、以水淋盐、以水调节微生物群落，防治土壤酸化、盐化（图5-3）。

图5-3　水旱轮作

3. 换表层土

在前茬种草莓的大棚内，把20 cm厚的表土挖出，全部换上无病菌的新土，对于克服草莓重茬效果较好，但较为费工，不可能大规模实施。

4. 增施有机肥、科学施肥

草莓采收完毕后，大量增施有机肥，并进行深耕，对于改良土壤理化性质，提高土壤肥力效果较好。在增施有机肥的基础上，合理施用氮磷钾肥料，提倡测土配方施肥，根据草莓生长期需肥规律及土壤供肥能力，确定肥料种类及数量，尽量减少土壤障碍。

5. 埋青改土调节土壤盐基浓度

温室大棚设施栽培，常年得不到雨水淋溶，每年施入土壤中的化肥盐基离子呈逐年富集趋势，而草莓是最不耐盐的植物，当盐基浓度达到一定程度时，草莓根系就会产生障碍，生长不良。在草莓采收结束后，栽种一些玉米、高粱和水稻等禾本科作物，然后割青，将其秸秆压入土中做绿肥。此法不仅可以减轻病害，而且可以培肥土壤，提高土壤有机物质含量，改良土壤结构和质地。研究表明，7月中旬左右高粱长至1 m高时，青割后翻入土中，高粱秆中的化学成分不但能激活镰刀菌的分生孢子，而且还可以杀死它们（图5-4）。

图5-4　埋青改土

6. 药剂熏蒸

使用化学药剂进行土壤消毒是防治草莓土传病害的主要手

段，生产上常用的土壤熏蒸剂有溴甲烷，由于方法简单、消毒彻底、不受天气的影响等优点，曾被广泛应用于各种作物的土壤消毒。但由于对环境的影响等因素，溴甲烷已禁用。目前出现了氯化苦等代替品，但由于使用成本高、危险性大等因素，其使用受到很大的限制。

7. 太阳能消毒

太阳能消毒利用夏季棚室内产生的高温环境，杀灭土壤中的病原菌、杂草种子及地下害虫，淹水使土壤湿润产生厌氧环境，抵制有害生物的生长，且有利于太阳能热量向下传导及施入肥料的尽快转化，改善土壤质地及养分。在结合太阳能高温消毒的过程中，施入米糠、禾本科青草、优质有机质堆肥等新鲜有机物，利用有机物发酵创造厌氧条件，并伴随产生一定的高温，来增强防治效果。

其主要做法为：在草莓采收结束后，将棚室内的草莓残体、杂草等清理干净，于6月下旬至7月上旬撒施米糠、铡碎的禾本科青草、优质有机质堆肥等，进行中耕做畦，灌水，封闭棚室。通过米糠等发酵来消耗土壤中的氧气，使土壤长期处于缺氧状态，结合夏季高温处理，使土壤温度达到50～60 ℃，有效杀灭病原菌。20～30天后，揭去地表覆盖的薄膜，土壤耕翻后任其日晒雨淋，使还原状态的土壤尽快熟化、氧化，恢复土壤活力（图5-5）。

图5-5 撒施米糠，高温还原土壤消毒

8. 石灰氮太阳能高温消毒

在太阳能消毒的基础上，添加石灰氮，使土壤消毒更彻底。在7~8月全年太阳辐射能量最大、气温最高时进行太阳能消毒处理。为了提高土壤有机质，提高消毒效果，可以每亩增施1 000~2 000 kg有机肥，70 kg石灰氮，撒匀翻入土中；然后南北起垄，垄宽60~70 cm、高30 cm，灌透水并保持垄沟有较多积水，再用白色旧地膜覆盖，密闭大棚1个月。高温月份，大棚内气温高达60~70 ℃，地表下40 cm处土温可升至50~60 ℃，通过1个月的高温期足以杀死大部分病原菌（图5-6）。

图5-6　石灰氮太阳能土壤消毒

行家指点

石灰氮既是施入的氮肥，还有较强的锄草、杀菌能力。对于防治土传病虫害、改良土壤、解决作物连作障碍表现出显著的效果，是一项无公害的土壤处理技术。由于太阳能土壤消毒技术需要高温条件，在使用中因为气候、地理条件及季节不同其应用受到限制。

第二节　土肥水管理

要点提示

　　草莓根系在土层中分布浅，大约80%的根系在距根茎10～15 cm、深5～20 cm的土层内。草莓最适宜栽植在疏松、肥沃、通气良好、保肥保水能力强的沙壤土中。黏土虽具有良好的保水性，但透气不良，根系呼吸作用和其他生理活动受到影响，容易发生烂根现象，导致草莓味酸、着色不良、品质差、成熟期晚。草莓适宜在中性或微酸性的土壤中生长，其要求pH值为5.8～7.0，低于4或高于8时新根少而不长，寿命短，吸收能力弱，地上部和地下部生长不良。因此，应做好土壤改良工作。

一、土壤管理

1. 土壤改良

　　为了防止连作危害，应注意改良土壤结构和质地，具体方法见连作障碍防治技术。

2. 土壤耕翻及做畦

　　定植前应翻耕土壤，提高耕作层厚度，提高土壤孔隙度，改善土壤透气性和保水性。耕翻后应施入基肥耙平，再整地做畦。不同地区可采用不同的做畦方式，北方旱作地区为便于浇水防旱、越冬防寒及中耕追肥作业，通常采用平畦栽培，一般平畦宽1.2～1.5 m，长10～20 m，每畦栽苗4～5行。南方暖湿地区因雨水较多，为便于排水，降低田间湿度，减轻病害，多采用高垄栽培，垄高至少在20 cm，有的高达50 cm，每畦宽50～60 cm，种植2行（图5-7）。

3. 中耕除草

在草莓生长季节，一般结合除草进行5～8次中耕，可增加土壤透气性，有利于根系活动。中耕深度以3～6 cm为宜，过深则易伤根。第一次在定植成活后结合检查定植苗成活情况与补苗同时进行；第二次在定植苗旺盛生长期结合追肥灌水进行中耕除草；第三次应在土冻前，结合防寒覆盖进行；第四次在开春植株萌动时，结合去老叶、追肥进行。此后，在开花后应根据田间杂草生长情况进行经常性中耕除草，保证园地清洁，促进植株生长（图5-8）。

图5-7 耕翻做畦

图5-8 中耕除草

4. 覆盖地膜

地膜为很薄的塑料薄膜，有吸热、保温、保水、降湿、除草的作用，利于越冬防寒。地膜覆盖至草莓果实成熟，起到垫果的作用，使草莓果不与地面直接接触，提高草莓品质。

覆膜一般在越冬前当日平均气温降至10 ℃左右时进行，南方地区也可在早春萌芽前覆膜（图5-9）。覆膜前先浇透一次水。覆膜不要在清晨进行，此时草莓植株含水量高，叶柄较脆，容易折断或损伤叶片，一般在中午前后受阳光照射叶片发软时操作为好。覆膜前清除杂草，整平垄面。覆膜时，先将地膜盖在苗上，铺至沟底，再用土将薄膜盖紧，做到绷紧、压实、封严，可边覆膜边掏洞破膜将茎叶抠出。

图5-9　覆盖地膜

行家指点

　　地膜有普通地膜、有色地膜（黑色地膜、银灰色地膜、绿色地膜）、双面地膜等类型。普通地膜无色透明，生产上常用聚乙烯地膜，这种地膜透光性好，覆盖后增温快，地温高，但除草效果差。有色地膜有不同颜色，它们对光的吸收和反射能力不同，因此对草莓生长、杂草和地温影响也不同。黑色地膜透光率差，日照下地膜本身增温快，土壤增温慢，地温稳定，有极好的杀草效果。银灰色地膜可反射紫外光，驱避蚜虫，减轻虫害和病害，抗热。绿色地膜降低了地膜下植物的光合作用，具有抑草、杀草的作用。双面地膜一面为白色，一面为黑色，覆盖时白色向上，黑色向下，用于降温、保湿和除虫。草莓生产中常用黑色地膜和双面地膜。

东陇海线草莓种植区冬季气温较低，露地栽培也可全面覆盖，以免植株受冻。全封闭覆盖应注意早春破膜提苗不宜过迟，否则会使膜下大量现蕾开花，遇春霜引起冷害，造成损伤。早春破膜应选择晴暖无风天气，避开寒流来临或低温晴燥大风天气，否则提苗后叶片容易失水或受冻，出现青枯现象。提苗后要随即用细土封住洞口，以防地膜中间穿风和热蒸汽由洞口逸出，灼伤茎叶。

二、养分管理

要点提示

任何一种营养元素的缺乏或过量都会影响作物的正常生长，因此，生产上要做到测土配方施肥。值得注意的是，草莓对钙的吸收量仅少于钾和氮，有时候土壤中并不缺少钙，但由于土壤忽干忽湿，影响钙的吸收，也会造成缺钙。

1. 不同营养元素对草莓生长的影响及矫正方法

（1）氮 草莓大约每产1 000 kg浆果需吸收纯氮3.3 kg。刚开始缺氮时，特别是在生长旺盛期，叶片逐渐由黄向淡绿转变。随着缺氮的加重，叶片变为黄色，局部枯焦而且比正常叶片略小。幼叶或未成熟的叶受害较轻，主要表现在老叶上。老叶的叶柄呈微红色，叶色较淡或呈现锯齿状亮红色。果实常因缺氮而变小，而过量的氮肥和供水也会降低果实品质（图5-10）。

图5-10 草莓植株缺氮症状

缺氮防治方法：改良土壤，增施有机肥提高土壤肥力。正常管理，施足基肥，及时追肥和叶面喷肥相结合。叶面喷肥可用0.3%～0.5%的尿素。

（2）磷　草莓每生产1 000 kg浆果需吸收五氧化二磷1.4 kg。草莓植株缺磷时生长弱，发育缓慢。最初叶片表现为深绿色且比正常叶小；加重时，下部叶片为淡红色至紫色，近叶缘的叶片上呈现紫褐色的斑点。花果比正常小，根部生长正常，但根量少，颜色较深。缺磷的草莓植株顶端受阻，明显比根部发育慢（图5-11）。

图5-11　草莓植株缺磷症状

缺磷防治方法：疏松的沙土或有机质多的土壤中含磷量少，含钙量多或酸度高时，磷素被固定，不易被吸收。可于草莓栽植时每亩施过磷酸钙50～100 kg或氮磷钾三元复合肥50～100 kg，植株开始出现缺磷时，叶面喷施0.1%～0.2%的磷酸二氢钾2～3次。

（3）钾　草莓对钾的吸收量比其他元素多，一般每生产1 000 kg浆果需吸收氧化钾约4 kg。草莓植株缺钾时，开始发生在新成熟的上部叶片，叶缘出现黑色、褐色斑点和干枯，继而发展为灼伤，还可在大多数叶片的叶脉之间向中心发展危害，包括中肋和短叶柄的下面叶片产生褐色小斑点，叶片到叶柄几乎同时发暗并变为干枯或坏死，这是草莓特有的缺钾症状。草莓缺钾，较老叶片受害重，较幼嫩的叶片不显示症状。缺钾时果实颜色浅，质地柔软，没有味道。

根系一般正常，但颜色暗（图5-12）。

缺钾的防治方法：沙性和酸性土壤容易缺钾，施氮肥过多，对钾肥吸收有拮抗作用。施足有机肥可减轻缺钾症状。钾不足时可施硫酸钾或每亩施氮磷钾复合肥50～100 kg，叶面喷施用0.1%～0.2%的磷酸二氢钾2～3次。

图5-12　草莓植株缺钾症状

（4）钙　草莓植株缺钙时最典型的症状是叶焦病、硬果，根尖生长受阻，生长点受害。叶焦病在叶片加速生长期频繁出现，其特征是叶片皱缩，顶端不能充分展开，变成黑色。在病叶叶柄的棕色斑点上还会流出糖浆状水珠。缺钙浆果表面有密集的种子覆盖，未展开的果实上种子可布满整个果面，果实变硬味酸。缺钙的草莓根短粗，色暗，以后呈淡黑色。在较老叶片上叶色由浅绿到黄色，逐渐发生褐变、干枯，在叶的中肋处会形成糖浆状水珠（图5-13）。

图5-13　草莓植株缺钙症状

缺钙的防治方法：叶

面喷施0.3%的硝酸钙水溶液可减轻缺钙症状，此外，应及时浇水，保证水分供应。

（5）镁　镁是叶绿素的组成成分，也是许多酶的活化剂。镁能促进植物体内胡萝卜素和维生素C的形成，对提高果实品质有重要意义。成熟叶片缺镁时，最初上部叶片的边缘黄化和变褐枯焦，进而叶脉间褪绿并坏死，形成有黄白色污斑的叶子。枯焦加重时，基部叶片呈淡绿色并肿起。枯焦现象随着叶龄增长和缺镁加重而发展，幼嫩的新叶通常不显示症状。果实比正常果红色淡，质地较软，根量则显著减少（图5-14）。在沙土中栽培，易出现缺

图5-14　草莓植株缺镁症状

镁；钾、氮肥过多,也会阻碍对镁的吸收。

缺镁的防治方法：增施有机肥。每亩施硫酸镁4～8 kg，避免一次过量施用钾、氮肥，叶面喷施0.1%～0.22%的硫酸镁。

图5-15　草莓植株缺铁症状

（6）铁　草莓植株缺铁时最初是幼龄叶片黄化或失绿，但这不能肯定是缺铁，当黄化程度发展并进而变白，发白的叶片出现褐色污斑，则可确定为缺铁（图5-15）。中度缺铁时叶脉

为绿色，叶脉间为黄白色。严重时新成熟的小叶变白，叶缘坏死。

缺铁的防治方法：使土壤pH值保持在6～6.5，不宜大量施用碱性肥料。栽植草莓时土施硫酸亚铁或螯合铁，叶面喷施0.1%～0.5%的硫酸亚铁水溶液。

（7）硼　硼对糖类的运转、生殖器官的发育都有重要作用。草莓植株缺硼时表现为幼龄叶片出现皱缩和叶焦，叶缘黄色，生长点受伤害，根短粗、色暗（图5-16）。缺硼的植株花小，授粉和结实率低，果实畸形，或呈瘤状，种子多，有的果顶与萼片之间露出白色果肉，果实品质差。酸性土壤中易缺硼。

图5-16　草莓植株缺硼症状

缺硼的防治方法：多施有机肥有助于防治缺硼。严重缺硼的土壤，在草莓栽植前后土施硼肥。适时浇水，提高土壤可溶性硼的含量，以利于植株吸收，叶面喷施0.1%～0.2%的硼酸。

（8）锌　草莓植株缺锌时较老叶片出现边窄，特别是基部叶片，越重窄叶部分越伸长，但不发生坏死现象。缺锌植株在叶龄大的叶片上叶脉发红，严重时新叶黄化，叶脉保持绿色或微红，叶缘有明显的黄色或淡绿色的锯齿（图5-17）。果实发育正常，但结果量少，果个小。在沙质土壤或盐碱地上栽植草莓易发生缺锌现象。

缺锌的防治方法：增施有机肥，叶面喷施0.1%～0.2%的硫酸锌。

（9）锰　草莓植株缺锰的初期症状是新发生的叶片黄化，这与缺铁、缺硫、缺钼时有小圆点，全叶呈淡绿色的症状相似。缺锰进一步发展，则叶片发黄，有清楚的网状叶脉和小圆点，这是缺锰的独特症状。缺锰加重时，主要叶脉保持暗绿色，而叶脉之间变成黄色，有灼伤，叶缘向上卷，这与缺铁时叶脉间的灼伤明显不同。缺锰植株的果实较小，但对品质无影响。

图5-17　草莓植株缺锌症状

缺锰防治方法：在草莓定植时土施硫酸锰，每1 m栽植行施1～2 g，或出现缺锰症状时叶面喷施0.02%～0.05%的硫酸锰水溶液。

（10）铜　草莓植株缺铜早期幼叶均匀地呈淡绿色，不久叶脉之间的绿色变得很浅，而叶脉仍具明显的绿色，逐渐在叶脉与叶脉之间有一个宽的绿色边界，其余部分都变成白色，出现花白斑。这是草莓缺铜的典型症状。缺铜时草莓根系和果实不显示症状。

缺铜的防治方法：每亩施硫酸铜0.7～1 kg，与有机肥或化肥混合施用，3～5年施1次即可；或在缺铜的土壤上定植草莓前每1 m栽植行土施硫酸铜1～2 g，或者叶面喷施0.1%～0.2%的硫酸铜溶液2～3次，施用时在溶液中加入少量石灰液，可免除毒害。

（11）钼　草莓植株初期缺钼症状与缺硫相似，不管是幼叶或成熟叶片最终都表现为黄化。随着缺钼程度的加重，叶面出现枯焦，叶缘向上卷曲。除非严重缺钼，一般缺钼不影响浆果的大小和品质。

缺钼的防治方法：叶面喷施0.03%～0.05%的钼酸铵溶液2次，每次每亩喷肥液50 kg。

（12）硫　缺硫与缺氮症状差别很小。缺硫时叶片均匀地由绿色转为淡绿色，最终变为黄色。而缺氮时，较老的叶片和叶柄发展为微黄色，较幼小的叶片实际上随着缺氮的加强而呈现绿色。相反，缺硫植株的所有叶片都趋向于一直保持黄色。缺硫的草莓浆果有所减小，其他无影响。

缺硫的防治方法：对缺硫草莓园施用石膏或硫黄粉即可。一般可结合施基肥每亩增施石膏37～74 kg，或硫黄粉每亩1～2 kg，或栽植前每1 m栽植行土施石膏65～130 g。

2. 草莓缺素症的诊断

单纯依靠植株外部症状来鉴别缺素，有时还不能作出正确判断。原因是有些元素的缺素症状在早期表现十分相似，如缺硼与缺钙、缺铁与缺锰。当缺素进一步发展，植株显示出该元素缺乏的特有症状时，不但已遭受损失，而且矫正的效果也会受影响。早期诊断植株是否缺素，需进行植株叶分析。草莓叶分析诊断的指示范围如表5-1。

表5-1　草莓叶分析值的指示范围（干重）

元素	临界浓度	指示范围	
		有缺素症状	无缺素症状
氮（%）	2.8	2～2.8	3以上
磷（%）	0.1	0.04～0.12	0.15以上
钾（%）	1	0.1～0.5	1～6
钙（%）	0.3	0.2以下	0.4～2.6
镁（%）	0.2	0.03～0.1	0.3～0.7
硼（mg/kg）	25	18～22	35～200
锌（mg/kg）	20	6～15	20～50
铁（mg/kg）	50	40	50～3 000
锰（mg/kg）	30	4～25	30～700
铜（mg/kg）	3	3以下	3～30
硫（mg/kg）	1 000	300～900	1 000以上
钼（mg/kg）	0.5	0.12～0.4	0.5以上

行家指点

叶分析作为鉴定果树营养状况的依据是：

① 叶子是植物进行光合作用的器官，植株营养状况的变化在叶子的特定生育期最能清楚反映。② 叶分析测定的结果与植株生长发育有显著的相关性。③ 叶片取样只是植株的很小部分，不会影响植株正常生长。

分析用草莓叶样采自盛花期无病虫害、完整的、完全展开的最嫩的成熟叶片（不带叶柄），每株1片叶，共40片叶。采集的新鲜叶样应放在纱布袋里，带回实验室后即应洗涤、烘干、磨碎，然后进行分析。

3. 施肥原则与方法

（1）施肥原则　草莓生产的施肥要求按中华人民共和国农业行业标准NY/T 496—2010《肥料合理使用准则通则》的规定执行。使用的肥料必须是在农业行政主管部门已经登记或免于登记的肥料。限制使用含氯复合肥。禁止使用未经无害化处理的垃圾。除了遵守上述施肥原则外，施肥中还应注意以下两点：一是根据草莓的需肥规律和土壤供肥能力，进行平衡施肥；二是施肥应以有机肥为主，无机化肥为辅。生产有机草莓和AA级草莓禁止使用任何化学合成肥料，禁止使用城市垃圾和污泥、医院的粪便垃圾、含有害物质的工业垃圾作肥料，禁止使用未腐熟的人粪尿、饼肥。

（2）施肥方法　据研究，每产1 000 kg草莓，需纯氮（N）为6～10 kg、磷（P_2O_5）为2.5～4.0 kg、钾（K_2O）为10 kg以上。可见，草莓对钾、氮的需要量远高于磷。N：P_2O_5：K_2O约为1.0：0.4：1.4。

● 基肥

草莓基肥以有机肥为主，辅以氮磷钾复合肥，基肥的施用量以每亩施充分腐熟的有机肥3 000～5 000 kg，同时加入氮磷钾复合肥30～40 kg及过磷酸钙60～80 kg。基肥的施用结合土壤翻耕时进行，

并使基肥与土壤均匀拌和，以保证肥力均匀分布，施入深度以20 cm左右为宜。

●追肥

草莓的追肥与栽培方式有密切关系。棚室促成栽培的开花结果期长，对养分吸收与消耗量大，追肥次数以7～10次为宜。定植成活、开始保温、开花坐果及采收初期各追肥1次，以氮肥为主，适量加磷、钾肥；此后在整个开花坐果期视植株长势追肥3～6次，以磷、钾、钙肥为主，加适量氮肥，以不断补充草莓对养分需求，防止植株早衰。追肥应与灌水结合进行，最好采用滴灌施肥，也可进行叶面追肥作为补充。露地栽培由于旺盛生长期短，追肥次数不宜过多，一般为1～3次。在基肥充足、土壤保肥性好的田块，可追一次肥，在开花前施用，肥料以磷、钾为主，并配施适量氮、钙肥料。若分3次施，应在越冬后和开花前各追1次，一般每亩施45%复混肥10～15 kg，或尿素7～10 kg，加一定比例的磷、钾肥，以促进生长和花序发育。另一次在采收前15天或花后15～20天施用。

三、水分管理

要点提示

草莓不耐旱、不耐涝，缺水时要及时补水，否则会对草莓生长产生不利影响，应根据气候变化和草莓植株需水规律及时补水，同时在雨水多的季节要注意开好沟，及时排水。

草莓是浅根性植物，根系多分布在20 cm的土层内，加上叶片多，蒸发量大，所以在整个生长发育过程中都需要充足的水分供应。在抽生大量匍匐茎和草莓苗刚栽时，对水分的需求量更大，不但要求土壤含有充足的水分，而且空气也要有一定的湿度。

草莓在不同的生育期对水分的要求也不一样。开花期应满足水分的供应，以不低于土壤田间持水量的70%为宜，此时缺水，影响花朵的开放和授粉受精过程，严重干旱时，花朵枯萎；果实膨大期需水量也比较大，应保持田间持水量的80%，此时缺水，果个变小，品质变差；浆果成熟期应适当控水，保持田间持水量的70%为宜，促进果实着色，提高品质，如果水分太多，则容易造成烂果；采果和匍匐茎大量形成期需水较多，只有充足的水分供应，才能形成大量根系发达的匍匐茎苗。花芽分化期适当减少水分，以保持田间持水量的60%～65%为宜，以促进花芽的形成。入冬前，灌足封冻水，有利于草莓苗安全越冬。

棚室保护地栽培最好采用滴灌带灌水方法，既节约用水，又解决了大水漫灌造成的棚室内空气和土壤湿度过大，容易滋生病害的弊端。此法还能结合施用追肥。滴灌对水质的要求比较高，要配备水过滤装置，让水在过滤后进入水道，防止水中脏物堵塞滴灌带上的洞眼。

第三节　植株及花果管理

一、摘除匍匐茎

草莓植株定植成活后会发生较多的匍匐茎，消耗母株营养，要随时摘去。繁殖圃后期抽生的匍匐茎也要去掉。

二、除老叶、病叶和侧芽

草莓叶片不断更新，当发现植株下部叶片呈水平着生，并开始变黄，叶柄基部也开始变色时，说明老叶已失去光合作用功能，应及时从叶柄基部去除。特别是越冬老叶，常有病原体寄生，在长出新叶后应及早除去，发现病叶也应摘除，至少保留5～6片健壮叶（图5-18）。

草莓植株在其旺盛生长时会发生较多的侧芽，应及时摘除，以促进主芽开花与结果。对于容易发生侧芽的品种，应特别要引起注

图5-18　打老叶

意，一般除主芽外，再保留2～3个侧芽，其余生于植株外侧的小芽全部摘除。

三、疏花疏果

植株开花过多，消耗营养，果实变小，应采取疏花疏果的措施。每个植株保留多少果实，要根据品种的结果能力和植株的健壮程度而定。一般高级次的花开得晚，往往不孕成为无效花，即使有的能结果，但果太小无采收价值。所以，在花蕾分离期，最迟不能晚于第一朵花开放，应适当疏除高级次花蕾，以使养分集中，节省采收用工（图5-19）。

图5-19　疏花疏果

行家指点

疏果是在幼果青色时期，及时疏去畸形果、病虫果。疏果可使果形整齐，提高商品果率。一般每一花序留果5～10个。一个花序的果实采收结束时，及时把花轴除去，并带出棚外集中销毁。

四、授粉品种配置

单一草莓品种种植可自花结实，但为了提高坐果率，减少畸形果，尤其是花粉稔性（生命力）低的品种则应以花粉量大、花粉稔性高的品种与其混植。目前生产上如'丰香''明宝''全明星'等品种的花粉稔性都极高，可与果实质量性状优但花粉稔性低的品种混植，尤其是在开花授粉环境不良时可取得明显效果。

五、放养蜜蜂

冬季保护设施内温度低、湿度大、日照短，对草莓的花药开裂、花粉飞散极为不利，极易造成畸形果。目前生产上推广使用蜜蜂辅助授粉技术，能明显提高坐果率，减少畸形果（图5-20）。蜂箱最好在草莓开花前3～5天放入棚室内，先让蜜蜂适应一下大棚内的环境条件。一般每亩日光温室，可放置1～2箱蜜蜂。放蜂一直延续到3月中下旬春暖花开时，因此时气温已高，棚室通风时间已较多，其他昆虫也会飞入，花粉扩散条件已改善，受精已恢复正常。蜜蜂一般在气温18 ℃以上开始活动，20～26 ℃为活动最适温度，正好与草莓开花期的最佳温度吻合。如果出现蜜蜂在棚顶角落乱飞乱撞，则表明棚内气温已达30 ℃左右，超过了警戒温度，必须采取通风降温措施。晴天蜜蜂活跃，低温及阴雨天表现迟钝。

在棚室内放养蜜蜂应注意以下几点：一是降低棚室内的湿度，尤其在长期阴雨天气后棚内湿度大，棚膜上聚集的水滴多，天晴后蜜蜂外出飞行困难或易被水打落死亡。阴天骤晴要加大通风口

图5-20　蜜蜂授粉

散湿，蜂箱内放入石灰瓶等干燥剂降湿。二是棚室内采用多重覆盖时，揭中、小棚覆盖物要放到底，不能留一半揭一半，否则蜜蜂飞行时会钻到薄膜夹缝中被夹死。三是防治病虫害要选择对蜜蜂无毒或毒性小的农药，打药时关闭好蜂箱孔，并将蜂箱搬到室外。四是冬季及早春蜜源不足，要加强饲喂，用白砂糖2份加水1份熬制糖水，冷却后饲喂蜜蜂。五是用赤霉素或宝丰灵处理，防止或打破草莓的休眠，促进叶柄和花序的抽生（图5-21）。覆盖棚膜保温约7天，植株第二片新叶展开时，喷施赤霉素，休眠深的品种在保温后3天即可处理。视品种休眠期长短喷1～2次，浓度为3～10 mg/kg，每株用量5 mL。因为赤霉素在高温时效果好，所以喷施宜选在晴天露水干后进行。重点喷到植株的新叶部位，用量不宜过大，否则会导致徒长。喷施完毕应适当减少通风，以提高棚内温度，达到25～30 ℃。一般经3～5天即可见效。如果保温后植株生长旺盛，叶肥大鲜绿，也可不喷赤霉素。有的品种对赤霉素敏感，不宜喷施。

图5-21　用保丰灵打破休眠

行家指点

　　近几年，在草莓促成或半促成栽培上应用宝丰灵效果很好，主要用法是：草莓定植后15天、扣棚后各喷1次，每亩每次施用1瓶。喷施宝丰灵后不可再用赤霉素处理。选用宝丰灵比赤霉素安全，效果好，且不会导致植株徒长。

第六章
草莓病虫害及其综合防治

第一节　常见主要病害及其防治

一、病毒病

1.种类

草莓病毒以蚜虫、线虫为主要传播媒体，危害面广。危害草莓的病毒主要有4种，即草莓斑驳病毒（又名草莓轻型皱缩病毒）、草莓轻型黄边病毒、草莓皱缩病毒、草莓镶脉病毒。

2.症状与传播方式

草莓病毒侵染草莓后，主要表现为叶片失绿、畸形、植株矮化、产量下降、品质变劣等现象，严重时引起毁灭性灾害（图6-1）。不同病毒的危害特征如下：

（1）草莓斑驳病毒

草莓斑驳病毒与草莓镶脉病毒复合侵染，在栽培品种上不产生症状，导致植株生长减弱、产量下降。在森林草莓上，两种病毒都表现症状，而斑驳病毒症

图6-1　草莓病毒病危害

状加重；与草莓皱缩病毒复合侵染，在栽培品种和指示植物上都可产生皱缩症状；与草莓轻型黄边病毒复合侵染，在感病品种上产生褪绿或黄边、植株矮化、浆果少和小果等综合症状。

草莓斑驳病毒可通过嫁接、蚜虫传染，也可通过菟丝子和汁液机械传染，但不能通过种子、花粉、植株互相接触传染。草莓斑驳病毒为非持久型蚜传病毒。

（2）草莓轻型黄边病毒　此病毒单独侵染无明显症状，仅使植株轻微矮化，但该病毒很少单独发生，常与斑驳、皱缩、镶脉病毒复合侵染，引起叶片黄化或叶缘失绿，植株生长势严重减弱，植株矮化，产量和果实质量严重下降。

草莓轻型黄边病毒主要通过蚜虫传播，蚜虫为持久性传毒。也可通过嫁接传染，不能通过种子、花粉和植株相互接触传染。

（3）草莓皱缩病毒　主要症状为在叶柄和匍匐茎上扭曲变形，产生褪绿、坏死条斑，花瓣变形，有斑纹。叶柄和花瓣上的斑纹是皱缩病毒的重要诊断症状，也是区分皱缩病毒与斑驳病毒及轻型黄边病毒叶部症状的主要标志。感病品种表现为叶片畸形，叶上产生褪绿斑，沿叶脉出现小的不规则状褪绿斑及坏死斑，叶脉褪绿及透明，幼叶生长不对称、扭曲皱缩，小叶黄化，叶柄缩短，植株矮化。

草莓皱缩病毒主要由蚜虫传播，能在蚜虫体内繁殖。蚜虫属持久性传播，可终生带毒。也可通过嫁接和机械接种（汁液）传染，不能通过种子、花粉和植株相互接触传染。

（4）草莓镶脉病毒　该病毒单独侵染栽培品种时，无明显症状，但植株生长衰弱，匍匐茎量减少，产量和品质下降，与斑驳病毒、轻型黄边病毒复合侵染后常引起植株叶片皱缩扭曲，植株极度矮化。

草莓镶脉病毒主要由蚜虫传播，蚜虫为半持久性传毒。不能机械接种（汁液）传播，花粉和种子也不能传染。能通过嫁接和菟丝子传染。

3. 防治方法

国外最成功的经验是选用脱毒苗作育苗母株，一般每隔4年用脱毒苗更新一次母株，病毒病重的地区可每年更新一次育苗田母株。也可在自留种植的草莓田里选拔优质高产无病单株，对当选单株作标记，育苗季节开始时挖起选作育苗田母株，此方法简便、效果好。再者，使用药剂防治蚜虫，控制病毒病的传播源。对脱毒苗进行隔离育苗，用一定规格的防虫网对脱毒苗育苗田进行覆盖，防止蚜虫入侵，并严密用药防治蚜虫危害。

二、灰霉病

1. 危害部位

果实、萼片、果梗、叶片、叶柄。

2. 症状

发病时果实变褐色、暗褐色，最后密生灰霉。棚内干燥时病果僵硬，棚内湿度大时，病果软化腐败，密生灰霉（图6-2）。湿度大时，叶片、叶柄、果梗、萼片同样密生灰霉。

果实

叶片

图6-2 草莓灰霉病症状

3. 发病规律

从伤口或枯死部位入侵发病，然后再蔓延到其他正常部位。所以草莓植株的下部老叶、枯叶、散落的花瓣等都会成为侵入的重点及传染源。病菌发育的最适温度为20～25 ℃，最低4 ℃，最高30～32 ℃；分生孢子在13.7～29.5 ℃均能萌发，但以在较低温度时萌发有利。病害发生与环境条件有密切关系。低温、高湿是病害流行的主要因素；栽植过密，偏施氮肥，植株生长过旺，园内光照不足，或连续阴雨、园地排水不良，地面湿度大等，均适于病害发生。果实着色初期至中期抗病性最弱，最容易感病。另外，发病程度也与品种有关。

4. 防治方法

（1）农业防治　合理施肥，保持合理密度，及时摘除老叶，协调好草莓植株个体与群体的关系，既有足够的生长量，同时又有较好的通风透光条件，实现高产、优质、病轻目标。合理灌溉，提倡地膜下铺设滴灌带等节水灌溉措施。做好大棚的通风换气，尤其是连阴雨天气时，抢机会抓有利时间，确保每天必要的通风换气时间。除垄上覆膜外，走道铺足稻草，降低土壤水分的蒸发，控制棚内湿度。

行家指点

出现灰霉病植株时，每天上午适当推迟通风时间，提高棚内温度至35 ℃并维持2小时，连续3～5天，能控制灰霉病扩散。

（2）药剂防治　预防为主，发现病害发生，在开花期前，集中连续用药防治，降低菌原，控制开花后暴发。用3%多抗霉素水剂800倍液，或50%啶酰菌胺水分散粒剂1 200倍液，或40%嘧霉胺悬浮剂1 000倍液，或50%腐霉利可湿性粉剂1 500倍液，或25%异菌脲悬浮剂500倍液，或50%速克灵800倍液，或70%甲基硫菌灵1 000倍液等药剂防治，注意同一农药种类不能连续使用，以多种类交替喷雾防治为好，否则病菌容易产生抗药性，降低防治效果。绿色和有机栽培草莓可选用每克含1 000亿活孢子的枯草芽孢杆菌可湿性粉剂1 000倍液，或0.3%丁子香酚可溶性液剂800～1 500倍，或竹醋液

200～400倍液等防治。也可在草莓棚内使用百菌清、腐霉利或其复配烟雾剂，每亩80～120 g，于傍晚时分散放置于棚内，点燃闭棚过夜，连熏2～3次，有较好的预防效果，还可避免农药喷雾造成大棚内湿度过高的缺点，简便省力，但需避开花期和采收期。

三、白粉病

1. 危害部位

叶、果、叶柄、果梗、花蕾。

2. 症状

草莓白粉病在发生部位表面出现蜘蛛丝状白霉，接着形成白粉状物。发病严重时，白粉状物能覆盖整个表面，叶片则卷曲直立，显露出长满白粉的叶背，远看大棚内白花花一片。花蕾发病，花瓣出现紫红色，花蕾内部同样形成蜘蛛丝状白霉和白粉，不能开花或开花不正常，不结果或果实不膨大。果实发病，果形变小，无光泽，果皮易破损，口味很差（图6-3）。

果实　　　　　　　　　　　　　叶片

图6-3　草莓白粉病症状

3. 发病规律

草莓白粉病病菌只寄生于草莓，在草莓植株上越冬越夏，世代繁殖，周年寄生。病株上出现的白粉，其实就是病菌孢子，白粉飞散，落到周围草莓植株上就会发芽，长出菌丝并向植物体内插入吸收养分，最初发病的地方往往是叶片的背面。夏季高温期发病较少，降水雨淋时，直接撞击孢子能导致孢子破裂死亡，所以严重发病往往在大棚覆盖以后。和一般空气传播的病害喜湿不同，不仅大棚内空气湿度大时草莓白粉病容易发生，在空气干燥时也有利发生，并且有长势衰退时容易发生的倾向。

4. 防治方法

凡发生过本病严重危害的大棚及其周围田块，要作重点防治。最好的办法是在不利病菌繁殖的育苗期就进行防治，育苗期后定期预防并勤作检查，一旦发现要缩短用药间隔时间，集中连续防治，控制病害不再暴发。发病果要尽早摘除，减少传染源。在没有发生过严重危害的地区，在大棚覆盖以后，可结合灰霉病的防治进行预防。生物药剂防治选用3%多氧霉素水剂600倍液，或4%抗霉菌素120（农抗120）水剂2 500倍液，或2%武夷菌素水剂200倍液等；化学药剂可选用4%四氟醚唑悬浮剂1500～2 000倍液，或25%醚菌酯悬浮剂2 000倍液，或25%嘧菌酯悬浮剂2 000倍液，或24%嘧菌·已唑醇悬浮剂3 000倍液，或40%氟硅唑乳油5 000倍液，或25%乙嘧酚悬浮剂1 000倍液，或10%苯醚甲环唑水分散粒剂2 000倍液等喷雾防治。

行家指点

用药防治白粉病时叶背和叶面均要喷到，一旦发现植株发病，应先采收完成熟果，然后抓紧喷药防治。注意同一农药种类不能连续使用，以多种类交替喷雾防治为好，否则病菌容易产生抗药性，降低防治效果。

四、炭疽病

1. 危害部位

叶片、叶柄、托叶、匍匐茎、花瓣、萼片和果实。

2. 症状

草莓匍匐茎、叶柄、叶片感病，初始产生纺锤形或椭圆形病斑，直径3~7 mm，黑色，溃疡状，稍凹陷。当匍匐茎和叶柄上的病斑扩展成为环形圈时，病斑以上部分萎蔫枯死，湿度高时病部可见肉红色黏质孢子堆。炭疽病除引起局部病斑外，还易导致感病品种尤其是草莓育苗地秧苗成片萎蔫枯死；当母株叶基和短缩茎部位发病后，初始1~2片展开叶失水下垂，傍晚或阴天恢复正常。随着病情加重，全株枯死。虽然不出现心叶矮化和黄化症状，但若取枯死病株根冠部横切面观察，可见自外向内发生褐变，但维管束未变色（图6-4）。

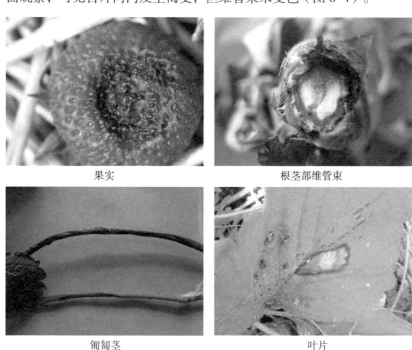

果实

根茎部维管束

匍匐茎

叶片

图6-4 草莓炭疽病症状

3. 发病规律

病菌在患病组织或植株残体内越冬，显蕾期开始在近地面植株的幼嫩部位侵染发病。发病适温28~32 ℃，属于高温型土壤传染病害。

病菌主要通过雨水等传播。发病盛期多在育苗圃匍匐茎抽生期以及假植育苗期。草莓连作地发病重，植株徒长、栽植过密、通风不良时容易发病。炭疽病病菌的孢子能随雨水及浇水溅起的水滴飞散而传播，盛夏期大雨过后常会出现病害暴发现象。品种间抗病性有差异，主要品种中'明宝''宁玉''宁丰'等发病较轻，'丰香'、新品种'红颊'和'章姬'等较重。此病是造成感病品种'红颊''章姬'露地育苗失败的重要病害。

4.防治方法

（1）农业防治　严把育苗田母株选择关，不在上年发病田中选留母株，不在上年病田中育苗。育苗期间加强植株和匍匐茎管理。注意清洁田园，及时摘除病叶、病茎、枯叶和老叶等带病残体，并妥善处理。避雨大棚育苗，使雨水不会直接降落到育苗田土壤及草莓苗植株上；避雨棚中浇水时尽可能不使水滴从地表飞溅到苗上，采用低水压滴管、低水压沿地面淌水等。发病严重的田块，实现水旱轮作，改种1～2年水稻后再作草莓育苗田。

行家指点

　　避雨大棚只是一般大棚加一层遮阳网，阴雨天遮阳网可除下，晴热天盖上，大棚裙边平时打开以利通风降温，下大雨时拉上不使雨水打入棚内。

　　（2）药剂防治　感病品种在梅雨季节来临前即用药防治1～2次，雨后继续用药，尤其是大的风雨过后，一般均应用药防治。有一定抗病力的品种，则要经常检查草莓匍匐茎、托叶等易感病部位，发现初始病斑随即用药防治，强风雨后尤需警惕。

　　药剂选用80%代森锰锌可湿性粉剂700倍液，或3%多氧霉素水剂600倍液，或20%噻菌铜悬乳剂400倍液，或75%肟菌·戊唑醇水分散粒剂3 000倍液，或60%吡唑·代森联水分散粒剂1 200倍液，或25%咪鲜胺乳油1 000倍液，或25%吡唑醚菌酯乳油1 500～2 000倍液，或15%烯唑醇可湿性粉剂1 500～2 000倍，或10%苯醚甲环唑水分散粒剂1 000～1 500倍液等喷雾，在病害发生期每隔7天喷1次，连续进行防治。在草莓育苗期的高温季节，每次雷阵雨后及时施药控制炭疽病发生，选择药剂2种左右混用并交替使用。

五、黄萎病

1. 危害部位

主要危害根部。

2. 症状

草莓黄萎病主要在匍匐茎抽生期发病，主要危害子苗。发病幼苗新叶失绿变黄，弯曲畸形，叶片变小，在三出复叶中有1～2片小叶黄化，且极小型化。发病植株生长不良，叶片失去光泽，从叶缘和叶脉间开始变黄褐色萎蔫，不久植株枯死。被害植株叶柄、果梗和根茎横切面可见维管束部分或全部变褐。根在发病初期无异常表现。当病株一部分叶片变黄褐时，呈现所谓的"半身凋萎"症状（图6-5）。

图6-5　草莓黄萎病症状

3. 发病规律

病菌在病残体内以菌丝体、厚壁孢子或拟菌核在土中越冬，一般可存活6～8年，带菌土壤是病害侵染的主要来源。病菌从草莓根部侵入，并在维管束里移动上升扩展引起发病，母株体内病菌还可沿匍匐茎扩展到子株引起子株发病。在多雨的夏季，此

病发生严重。在病田育苗、采苗或在重茬地、茄科黄萎病地定植发病均重。在发病地上种植水稻，进行轮作换茬，虽不能根除此病，但可以减轻危害。

4. 防治方法

（1）农业防治　实行3年以上轮作，避免连作重茬。移栽前清除田间及四周杂草，集中烧毁或沤肥；深翻地灭茬，促使病残体分解，减少病源和虫源。夏季进行太阳能消毒土壤，重茬病害在草莓采收结束后立即拔除植株，拆除地表覆盖物如黑地膜等。撒施剥除颖壳后的米糠每亩300～500 kg，加施石灰氮每亩70～100 kg，同时每亩增施优质有机质肥如未腐熟饼肥200 kg或新鲜畜禽粪肥1 500～2 000 kg，采用机械或人工的方法进行中耕，将米糠、石灰氮有机质肥等翻拌入土壤中。做成宽1.5 m、高0.3 m的高垄，棚内地表面也覆盖农膜，棚内垄沟与棚四周沟灌足水。大棚上薄膜盖严，四周壅土压实，防止空气进入。结合夏季高温处理，使土壤温度达到50～60 ℃，进行土壤高温还原消毒，杀灭连作田病原菌。连续高温还原消毒处理20～30天后，要尽早揭去地表覆盖的薄膜，土壤耕翻后任其日晒雨淋。

行家指点

为防治草莓黄萎病，生产上多选用'丰香''甜查理'等抗病品种，'红颊''章姬'等抗病性较弱。栽培均需选用无病健壮秧苗。

（2）药剂防治

① 生物菌剂处理。基施法：在草莓起垄后，亩用每克含5亿活芽孢的枯草芽孢杆菌粉剂2～4 kg、400亿活芽孢的地衣芽孢杆菌粉剂3～5 kg、10亿活芽孢的多黏类芽孢杆菌粉剂4～5 kg等生物菌剂1～2种，

拌细土撒施垄面并及时翻拌入土壤，保持垄面湿度80%以上。灌根法：选用每克含10亿活芽孢的多黏类芽孢杆菌250倍液，或每克含1 000亿活芽孢的枯草芽孢杆菌1 000倍液，或每克含3亿活孢子的哈茨木霉菌可湿性粉剂500倍液，或2%氨基寡糖素水剂500倍液，或每毫升含200亿活芽孢的EM菌液500～800倍液，或2%嘧啶核苷类抗生素水剂300倍液等1～2种，在栽种后1～2天内浇灌根部，每株用药液量200～300 mL。重病田浇灌根2～3次，分别间隔7～15天。

② 化学药剂灌根。连作病害发生初期，先挖除病株，然后选用高效低毒的农药品种，如25%吡唑醚菌酯悬浮剂2 000倍液、25%嘧菌酯悬浮剂2 000倍液、30%恶霉灵水剂1 000倍或1.8%辛菌胺醋酸盐水剂300倍液等，浇灌病株穴周进行防治，并且结合其他病害的防治对田间植株全面喷洒，以防止病害蔓延。

六、枯萎病

1. 危害部位

主要危害根部。

2. 症状

草莓枯萎病多在苗期或开花至收获期发病。发病初期心叶变为黄绿色或黄色，有的蜷缩呈波状产生畸形叶，病株叶片失去光泽，植株生长衰弱，在三出复叶中往往有1～2片小叶畸形或者变得狭小而硬化，且多发生在一侧。老叶呈紫红色萎蔫，叶片枯黄，最后全株枯死。受害轻的病株症状有时会消失，而被害植株的根冠部、叶柄、果梗维管束都变成褐色至黑褐色。轻病株结果减少。枯萎病与黄萎病症状相近，但枯萎病心叶黄化，蜷缩畸形，且主要发生在高温期（图6-6）。

图6-6 草莓枯萎病症状

3. 发病规律

病菌通过病株和病土传播，主要以菌丝和厚垣孢子随病残体在土中或未腐熟的带菌肥料及种子中越冬。病菌随草莓苗的分株、匍匐茎育苗进行传播扩散蔓延，当草莓移栽时，病菌从根部伤口侵入，在根茎维管束内进行繁殖、生长发育，形成小型分生孢子，并在导管中移动、增殖，通过堵塞维管束和分泌毒素，破坏植株正常疏导机能而引起萎蔫。连作会加重此病害。

4. 防治方法

枯萎病的防治方法同黄萎病。

七、芽枯病

1. 危害部位

主要危害花蕾、幼芽和幼叶，其他部位也可发病。

2. 症状

草莓芽枯病表现为幼芽呈青枯状，叶和萼片形成褐色斑点，逐渐枯萎，叶柄和果柄基部变成黑褐色，叶子失去生机，萎蔫下垂，急性发病时植株猝倒；开花前受害，使花序失去生气并逐渐枯萎；茎基部受害皮层腐烂，地上部干枯容易拔起。果实受害出现暗褐色不规则形斑块，僵硬，最后全果干腐（图6-7）。

图6-7　草莓芽枯病症状

3. 发病规律

病菌以菌丝体或菌核随病残体在土壤中越冬，以随带病秧苗和病土传播为主。露地栽培时以春季发病为主要时期，发病的适宜温度为22～25℃，在肥大水多的条件下容易发病。保护地栽培时温度高，通风不良，湿度大时发病早且严重；露地栽培时，栽植过密、植株生长过于旺盛时容易导致病害蔓延。

4. 防治方法

（1）农业防治　尽量避免在芽枯病发生的地区育苗和栽培草莓，否则必须进行太阳能土壤消毒。适当稀植，合理灌水，保证通风，降低环境湿度。保护地栽培要适时通风换气，灌水后迅速通风，降低室内湿度。及时拔除病株，严禁用病株作为母株繁殖草莓苗。

（2）药剂防治　适宜的药剂有10％多抗霉素可湿性粉剂500～1 000倍液，或80％的代森锌600～800倍液，或50％克菌丹400～600倍液等。从显蕾期开始，7天左右喷1次，共2～3次。温室或大棚栽培情况下，每亩用5％百菌清粉尘剂110～180 g，分放5～6处，傍晚点燃，闷棚过夜，7天熏1次，连熏2～3次。

八、叶斑病

1. 危害部位

主要危害叶片，多在老叶上发病造成病斑，也侵染叶柄、果柄、花萼、匍匐茎和果实。

2. 症状

发病初期在叶片上出现淡红色小斑点，以后逐渐扩大为直径3～6 mm的圆形病斑，病斑中央呈棕色，后变为白色，边缘紫红色，略有细轮纹，似蛇眼状。病斑发生多时，常连成大形斑。果实受害后，种子和果肉呈黑色，失去商品价值（图6-8）。

3. 发病规律

此病菌以菌丝和分生孢子在病组织上越冬，第三年春天形成分生孢子或子囊孢子借风力传播侵染。主要以带菌秧苗进行传播扩散。病菌生长适温为18～22 ℃。此病全年都可发生，但以高温高湿季节发病重。

图6-8　草莓叶斑病症状

4. 防治方法

（1）农业防治　及时摘除病老叶，集中烧毁。发病重的地块在采收后全园割叶，然后中耕除草，彻底清理残枝病叶，减少病源。选用抗病品种。控制氮肥施用量，露地草莓注意雨季排水，防止土壤湿度过大。

（2）药剂防治　在发病初期选喷等量式200倍波尔多液，或30%碱式硫酸铜悬浮剂400倍液，或75%百菌清可湿性粉剂500倍液，或70%甲基硫菌灵可湿性粉剂1 000倍液，每10天喷1次，共2～3次。采收前10天停止喷药。

九、叶枯病

叶枯病又称紫斑病、焦斑病。

1. 危害部位

危害叶片、叶柄、花萼，果梗也可感病。

2. 症状

属低温、高湿性病害，多在春秋季节发病。初发病时，叶面上产生紫褐色无光泽小斑点，以后逐渐扩大成不规则形病斑。病斑多沿主侧叶脉分布，发病重时整个叶面布满病斑，发病后期全叶黄褐色或暗褐色，直至枯死。叶柄或果柄发病后，病斑呈黑褐色，微凹陷，脆而易折（图6-9）。

图6-9 草莓叶枯病症状

3. 发病规律

以子囊壳或分生孢子在病组织上越冬，春季释放出子囊壳或分生孢子，借风力传播。秋季和早春雨露较多的天气有利于侵染发病，一般健壮苗发病轻，弱苗发病重。

4. 防治方法

（1）农业防治 选用抗病品种。保持果园清洁，及时摘除病叶、老叶，减少病源。加强肥水管理，促进秧苗健壮，提高抗病能力，但不能过多施用氮肥。

（2）药剂防治 在春、秋低温期喷施25%多菌灵可湿性粉剂300～400倍液，或70%甲基硫菌灵可湿性粉剂1 200倍液，或70%代森锰锌可湿性粉剂600倍液，或农抗120水剂200倍液，每7～10天喷施1次，可取得较好的防治效果，并可兼治其他病害。

第二节 常见主要虫害及其防治

一、红蜘蛛

1.危害特征

红蜘蛛又名叶螨，直接在草莓叶背、果实吸吮养分，造成叶片发黄、矮化，只开花不结果或形成次果，严重时整株枯死。因移动性小，在大棚内往往小片点散发生（图6-10）。常因附着在苗上定植时带入，初期寄生在近地叶背，繁殖后逐步向上移动，虽然开花后受害叶表面会出现小白斑点，但不易被发现，高温干燥会加剧危害，所以随着气温升高，虫口密度的增加，大棚水分蒸发量加大，进入3月以后，尤其是4～5月份,症状会明显出现。

图6-10 红蜘蛛及危害叶片症状

2.形态特征

（1）成虫 雌成虫有夏型和冬型，夏型为暗红色，冬型为鲜红色。身体背部有6排共26根鲜明的白色细毛。雄成虫体形前宽后窄，由第三对足向后逐渐收缩变尖，身体浅绿色或绿色，体背两侧有黑绿色斑纹。

（2）卵　圆球形，光滑，初产时黄白色，近孵化时卵上显出2个红色幼虫单眼。卵多产在叶背主脉两旁的茸毛或丝网中。

（3）幼虫　足3对，初孵幼虫圆形，黄白色，取食后体形渐成卵圆形，体两侧出现暗绿色长形斑纹。

（4）若虫　足4对，分前期若虫和后期若虫。前期若虫体背开始出现刚毛并开始吐丝；后期若虫体较大，从体形可分辨出雌雄。

3. 防治方法

（1）农业防治　铲除田边杂草，保持田间清洁。及时摘除枯枝、老叶和有虫叶并集中烧毁。适时浇水施肥，保持田间适当湿度。常发地区可在定植后用药防治1次，以消除隐患，避免开花结实期用药带来的许多负面影响。

（2）生物防治　进入果实采收期可投放捕食螨，以螨治螨，1只捕食螨一生能捕食300～500只红蜘蛛，同时也吸食害螨虫卵，可有效地控制红蜘蛛危害。

（3）药剂防治　田间红蜘蛛零星发生时，及时施药防治。可用240 g/L螺螨酯悬浮剂2 000倍液，或2%阿维菌素微乳剂2 000～3 000倍液，或5%卡死克（氟虫脲）乳油1 000～1 500倍液，或10%浏阳霉素乳油1 000倍液，或20%炔螨特水乳剂500～1 000倍液等喷雾防治。在采果后可用苦参碱喷雾防治，药液量要足，叶片背面也要喷到，间隔1周，再喷1次。喷药范围为发生株及其周围1～2 m内。红蜘蛛容易产生抗药性，最好两种以上药剂交换使用。

行家指点

草莓红蜘蛛近年来危害加重，主要原因是从浙江等外省购苗时带入，且暴发期在3～4月盛果期，对草莓产量、品质构成严重威胁。种苗不带病虫是预防的关键所在。

二、蚜虫

1. 危害特征

危害草莓的蚜虫有多种，以桃蚜、棉蚜为主。蚜虫在草莓植株上长年均可危害，以初夏和初秋密度最大，成蚜和若蚜多在幼叶、花、心叶和叶背活动吸取汁液，受害后的叶片卷缩、扭曲变形，使草莓生育受阻、植株生长不良和萎缩，严重时全株枯死。蚜虫的分泌物蜜露还影响作物的光合作用，引发煤污病，污染草莓，还可传播多种病毒病（图6-11）。秋季尤其是秋季干旱年份，往往有翅蚜迁飞量很大，飞入草莓田几率很高，迁入后食料丰富，保温条件下繁殖很快，容易发生危害。

图6-11　蚜虫危害叶片症状

2. 形态特征（桃蚜）

桃蚜别名桃赤蚜，属同翅目蚜科。

（1）有翅雌蚜　体长1.8～2.2 mm。头部黑色，额瘤发达且显著，向内倾斜，腹眼赤褐色，胸部黑色，腹部体色多变，有绿色、淡暗绿色、黄绿色、褐色、赤褐色，腹背面有黑褐色的方形斑纹一个。腹管较长，圆柱形，端部黑色，触角黑色，共有6节，在第三节上有1列感觉孔，9～17个。尾片黑色，较腹管短，着生3对弯曲的侧毛。

（2）有翅雄蚜　体长1.5～1.8 mm，基本特征同有翅雌蚜，主要区别是腹背黑斑较大，在触角第三、第五节上的感觉孔数目很多。

（3）无翅雌蚜　体长约2 mm，似卵圆形，体色多变、有绿色、黄绿色、樱红色、红褐色等，低温下颜色偏深，触角第三节无感觉圈，额瘤和腹管特征同有翅蚜。

（4）若蚜　共4龄，体形、体色与无翅成蚜相似，个体较小，尾片不明显，有翅若蚜3龄起翅芽明显，且体形较无翅若蚜略显瘦长。

（5）卵　长椭圆形，长约0.5 mm，初产时淡黄色，后变黑褐色，有光泽。

3. 防治方法

（1）农业防治　合理布局作物，及时摘除老叶，清理田间杂草。可在大棚两侧裙边处安装防虫网防虫迁入。

（2）物理防治　黄板诱杀。黄板有售，也可自行制作，用长50 cm、宽30 cm纸板或纤维板正反两面涂上黄色，干后再涂凡士林加机油，挂于草莓行间，高度与植株相同，每亩40～60块，板面粘满虫后需及时重涂（图6-12）。采用银灰色薄膜进行地膜覆盖或在通风口挂10～15 cm的银灰色薄膜条驱避。

图6-12　黄板诱杀蚜虫（蓝板诱杀蓟马）

（3）药剂防治　在繁苗期，应加强喷药防治，减少蚜虫的病毒病传播几率。大棚覆盖保温开始前后，抓紧有翅蚜虫及其后代繁殖数量尚不多的时机，重点用药防治1～2次。因蚜虫此时躲在近地叶背及心叶缝隙处，防治时要仔细用药，药液量要充分，以尽量降低棚内虫口密度的基数，减少或避免开花后用药对蜜蜂及花粉受精的影响。

药剂可用1%苦参碱可溶性液剂1 000～1 500倍液，或10%吡虫啉粉剂2 000倍液，或50%抗蚜威可湿性粉剂2 000～3 000倍液，或25%吡蚜酮可湿性粉剂3 000倍液喷雾防治；也可用灭蚜虱烟剂防治。

三、蓟马

1. 危害特征

蓟马种类繁多，危害草莓的主要有瓜蓟马、西花蓟马等，成虫、若虫多隐藏于花内或植物幼嫩组织部位，以锉吸式口器锉伤花器或嫩叶等植物组织。危害严重时导致花朵萎蔫或脱落，花黑褐变而不孕。叶片成灰白色条斑，或皱缩不开，植株矮小、生长停滞，果实不能正常着色，无法正常膨大或畸形。即使果实膨大后，果皮也呈茶褐色。蓟马寄主广泛，对大多数园艺栽培作物都能造成危害。在草莓上的危害呈逐年加重趋势（图6-13）。

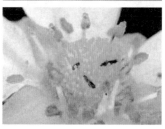

图6-13　蓟马及危害草莓症状

2. 形态特征

幼虫呈白色、黄色或橘色，成虫则呈棕色或黑色。进食时会造成叶子与花朵损伤。体形微小，体长0.5~2 mm，很少超过7 mm；黑色、褐色或黄色；头略呈后口式，口器锉吸式，能挫破植物表皮，吸吮汁液；触角6~9节，线状，略呈念珠状，一些节上有感觉器；翅狭长，边缘有长而整齐的缘毛，脉纹最多有两条纵脉；足的末端有泡状的中垫，爪退化。雌性腹部末端圆锥形，腹面有锯齿状产卵器，或呈圆柱形，无产卵器。

3. 防治方法

（1）农业防治　早春清除田间杂草和枯枝残叶，集中烧毁或深埋，消灭越冬成虫和若虫。加强肥水管理，促使植株生长健壮，减轻危害。

（2）物理防治　利用蓟马趋蓝色的习性，在田间设置蓝色粘板，诱杀成虫（图6–12），粘板高度与植株高度持平，可与黄板诱杀蚜虫间隔等量设置。

（3）药剂防治　生物药剂可选用6%乙基多杀菌素悬浮剂1 500~3 000倍液、2.5%多杀菌素悬浮剂1 000~1 500倍液或1.5%苦参碱可溶性液剂1 000~1 500倍液等；化学药剂可选用25%吡蚜酮可湿性粉剂3 000倍液或5%啶虫脒可湿性粉剂2 500倍液等。根据蓟马昼伏夜出的特性，建议在下午用药。蓟马隐蔽性强，药剂需要选择内吸性的或者添加有机硅助剂，而且尽量选择持效期长的。此外，注意轮换或交替用药，以防产生抗药性，采收前15天停止用药。利用敌敌畏烟剂熏蒸也有较好防治效果，通常每亩用30%敌敌畏烟剂250~300 g，分别放置5~6处，傍晚点燃，闭棚过夜进行熏蒸。

四、斜纹夜蛾

1. 危害特征

斜纹夜蛾为夜蛾科害虫，分布面广，其危害的作物包括草莓、葡萄、苹果、梨和蔬菜等290余种。该虫在长江流域一年发生5~6代，华北一年发生3~4代，在华南可全年发生。成虫昼伏夜出，对黑光灯和糖蜜气味有较强的趋性。喜产卵于生长茂密边际作物的叶背上。幼虫多群集于卵块附近取食叶片。3龄以后分散危害，危害时间都在傍晚。适宜的发育温度为28~30 ℃，主要危害在夏季。8月下旬前后，取食育苗圃的草莓叶片，也取食花蕾、花朵及果实，严重时仅留下光秃的叶柄（图6-14）。促成栽培时，若栽植地存在斜纹夜蛾的幼虫，则冬季棚内加温后危害更重。老熟幼虫在1~3 cm深的表土内化蛹。土壤板结时，可在枯叶下化蛹。

危害叶　　　　　　　　　　　　危害花

图6-14　斜纹夜蛾及危害症状

2. 形态特征

（1）成虫　体长14~21 mm；翅展37~42 mm，褐色，前翅具许多斑纹，中间有1条灰白色宽阔的斜纹。成虫前翅灰褐色，内横线和外横线灰白色，呈波浪形，有白色条纹，环状纹不明显，肾状纹前部呈白色，后部呈黑色，环状纹和肾状纹之间有3条白线组成明显的较宽的斜纹，自翅基部向外缘还有1条白纹。后翅白色，外缘暗褐色（图6-15）。

（2）卵　半球形，直径约0.5 mm。初产时黄白色，孵化前呈紫黑色，表面有纵横脊纹，数十至上百粒集成卵块，外覆黄白色鳞毛。

（3）老熟幼虫　体长38~51 mm。夏秋虫口密度大时体瘦，黑褐色或暗褐色；冬春数量少时体肥，淡黄绿色或淡灰绿色。

（4）蛹 长18～20 mm，长卵形，红褐色至黑褐色。腹末具发达的臀棘1对。

卵
幼虫
蛹

成虫

图6-15 斜纹夜蛾

3.防治方法

（1）农业防治 清除杂草，收获后翻耕晒土或灌水，以破坏或恶化其化蛹场所，有助于减少虫源。结合管理随手摘除卵块和群集危害的初孵幼虫，以减少虫源。

（2）物理防治 利用成虫趋光性，于盛发期点黑光灯诱杀，或配糖醋（糖∶醋∶酒∶水=3∶4∶1∶2）加少量敌百虫诱蛾。也可柳枝蘸洒500倍敌百虫诱杀蛾子。7～10月间，在草莓田间挂设斜纹夜蛾性诱捕器，性诱捕器的最佳使用高度1.2 m左右，每2～3天清理一次诱杀的蛾子，20天左右及时更换诱芯，田块四周放置密度高，田块内性诱捕器放置密度低，一般每亩放置1～2只性诱捕器（图6-16）。

（3）药剂防治 1～2龄幼虫期是防治关键期。可用2.5%多杀菌素悬浮剂1 000倍液，或5%阿维菌素可湿性粉剂2 000倍液，或20%

图6-16　性诱捕器防治斜纹夜蛾

氯虫苯甲酰胺悬浮剂3 000倍液，或5%氟啶脲乳油2 000倍液，或3%甲氨基阿维菌素苯甲酸盐微乳剂2 000倍液，或2.5%联苯菊酯乳油4 000～5 000倍液，或0.5%苦参碱·内酯水剂600倍液，或每克含100亿活芽孢的苏云金杆菌可湿性粉剂1 000～1 500倍液，或15%茚虫威悬浮剂3 500倍～5 000倍液，或3%多杀·苦参碱悬浮剂600倍～800倍液等低毒药剂喷雾防治。2～3龄以后的幼虫宜在傍晚喷药消灭，因为高龄幼虫喜在晚间活动。

五、草莓地下害虫——蛴螬

1.危害特征

蛴螬是金龟子幼虫的总称。其中铜绿丽金龟和暗黑鳃金龟较普遍。一年发生1代，成虫盛发期在6月中旬至7月下旬，此时草莓植株矮小，茎叶丛生，根茎柔软多汁，位于地表浅层土中，与其他作物相比，容易诱集金龟子产卵。草莓田又以施用有机肥的田块蛴螬特别多。幼虫孵化期在7月中下旬，8月下旬孵化结束，8月中旬进入3龄盛期，为幼虫危害盛期。蛴螬主要危害草莓根系。植株受害后地上部生育恶化，叶由黄变红，最后多干枯。在苗圃及栽培地常导致缺株，严重时甚至全园毁灭。扒开受害株，可见到植株已无根系，周围土壤中可找到蜷曲的呈马蹄形的幼虫（图6-17）。铜绿丽金龟的产卵期早于

图6-17 蛴螬及其危害症状

暗黑鳃金龟，孵化后的幼虫在腐殖质含量丰富的土壤中居多。

2.形态特征

幼虫蛴螬，身体乳白色，体态弯曲呈"C"形状，有3对胸足，后一对最长，头尾较粗，中间较细。体肥胖，弯曲成马蹄形，体表有皱蛴，具有棕褐色绒毛。蛹为黄白色或橙黄色，头细小，向下弯（图6-18）。

图6-18 蛴螬

3.防治方法

栽植前翻地，栽植后在春、夏季多次浅耕，以消灭土面卵粒。清除园内外杂草，予以集中烧毁，以消灭草上的虫卵和幼虫。发现种苗萎蔫时，可在附近挖出蛴螬，或在清晨进行人工捕杀。利用成虫的趋光性，于成虫发生期，在产卵之前用灯光诱杀。发现有地下害虫时，可撒毒饵防治。生长期有地下害虫危害时，可每亩用50%辛硫磷乳油200～300 g，兑水500～750 L，配成药液灌垄、灌根。也可喷施50%辛硫磷或50%杀螟松乳油进行防治。

行家指点

毒饵配制方法：用90%晶体敌百虫50 g，兑水1～1.5 L，拌入炒香的麦麸或饼糁2.5～3 kg，也可拌入切碎的鲜草10 kg。撒毒饵时，不能使毒饵接触草莓果实。

六、草莓线虫病

1.危害部位

线虫是一种寄生性害虫，最常见的为草莓芽线虫、草莓根线虫，分别危害芽和根系。

2.症状

（1）草莓芽线虫　寄生在草莓的芽上，体长0.6～0.9 mm，体宽0.2 mm。被害程度轻的，新叶扭曲成畸形，叶色变浓，光泽增加；有时表现为茎部膨大和分枝，形成大量新芽，花茎变粗变短，致使花蕾聚成一团。受害严重时植株萎蔫，芽和叶柄变成黄色或红色，可见到所谓"草莓红芽"的病状。花芽受害后，花蕾、萼片以及花瓣畸形，严重时花芽退化、消失，坐果差，产量显著降低。该线虫对草莓的一生都有危害，开花前后危害症状表现得明显（图6-19）。

图6-19　草莓线虫病及危害症状

（2）根线虫（根腐线虫） 寄生于草莓根内，降低根的吸收功能，导致植株发育不良，产量降低。发病初期在根表面产生略带红色的不规则纵长小斑点，而后迅速扩大，严重时整个根部变为黑褐色，根皮层腐败、脱落。外表的主要症状是根系不发达，植株矮小。成虫为细纺锤形，雌线虫体长0.5～0.9 mm，雄虫稍小，一般肉眼看不见，需借助显微镜观察。成虫主要在土壤中，靠土壤传播。草莓连作年限越长，危害越重。

行家指点

根线虫除土壤传播外，也靠秧苗传播。

3. 发病规律

芽线虫主要靠被害母株发生匍匐茎进行传播，被害植株匍匐茎上几乎都有线虫，从而传给子株，随秧苗扩散到更大范围。线虫也靠雨和灌水传播。如果在发病田里进行连作，则土中残留的线虫也移向健康植株进行危害。

4. 防治方法

选择没有种植过草莓的无病虫区育苗，不从被害母株上采集匍匐茎苗移栽，从外地引苗要严格实施检疫。栽前在7～8月的高温季节，用太阳能高温消毒法处理土壤能杀灭根线虫。用热水处理草莓苗，将苗先在35 ℃水里预热10分钟，然后放在45～46 ℃热水中浸泡10分钟，冷却后栽植。实行水旱轮作、倒茬，避免重茬。清除病株，发现病株连同匍匐茎一起拔除烧毁，消灭病源。药剂防治芽线虫可在花芽被害前，用80%敌百虫乳剂500倍液喷洒植株，喷施2～3次，每次间隔7～10天。

第三节　草莓病虫害综合防治

要点提示

　　草莓病虫害综合防治应贯彻"预防为主，综合防治"的治保方针，以农业防治为基础，提倡进行生物防治、生态防治、物理防治，按照病虫害发生规律，科学使用化学防治技术。

一、农业防治

1. 选用抗病虫品种

选用抗病虫性强的品种是经济、有效地防治病虫害的措施。

2. 使用脱毒种苗

严格检疫，使用脱毒种苗是防治草莓病毒病的基础。

3. 培育无病种苗

采用基质穴盘扦插、大棚土壤避雨、架台式穴盘基质避雨等无病壮苗繁育技术体系培育优质无病壮苗。

4. 加强栽培管理

为了有效预防草莓病虫害的发生，在栽培管理上应做到以下几点：

① 选择通风良好、灌排方便的地块栽植草莓，土壤黏重或pH值偏高或偏低，栽植前要进行土壤改良。

② 施肥以有机肥为主，避免过量施氮肥。

③ 栽植密度要合理，不能过密栽植，否则会导致植株繁茂郁闭。

④ 保护地栽培要采用高畦，必须进行地膜覆盖。采用膜下灌水的灌溉方式，有条件最好采用滴灌。

⑤ 发现感病的叶、花序、果及植株，要及时摘除，然后烧毁或深埋。对于保护地栽培，操作应注意在早晚进行，将采摘下的病叶

等放入塑料袋中，密封后带出棚室外销毁。

⑥ 在收获结束后，及时清理草莓秧苗和杂草，土壤深耕40 cm，借助自然条件，如低温、太阳紫外线等，杀死一部分土传病菌和虫卵，最好每年夏季都能进行太阳能土壤消毒。

⑦ 避免连作，实行轮作倒茬。轮作必须合理，如为了防止黄萎病和青枯病的发生，最好不与茄子轮作。

⑧ 开花和果实生长期，加大通风量，将棚内空气相对湿度降至50%以下，可显著降低病害发生。

二、生物防治

生物防治在现阶段多用于控制虫害，是利用某些生物和生物的代谢产物来防治害虫的方法。生物防治可以改变害虫种群组成成分，而且能直接大量消灭害虫。生物防治不仅对人、畜、植物安全，也不会使害虫产生抗性。

行家指点

扣棚后当白粉虱成虫在0.2头/株以下时，每5天释放丽蚜小蜂成虫3头/株，共释放3次丽蚜小蜂，可有效控制白粉虱危害。用繁殖捕食螨（植绥螨）防治草莓跗线螨和枝叶螨，按天敌与害虫1:（20～50）的比例田间释放，可使害螨保持在经济无害水平，达到防治目的。7～10月，在草莓田间挂斜纹夜蛾性诱捕器可有效防治其危害。

三、物理防治

物理防治是利用简单器械和各种物理因素来防治害虫。对于草莓害虫，目前采用的物理防治方法主要有以下几种：

1. 捕杀

对于幼虫体积比较大的害虫，在虫害发生的初期，可以采用人

工捕杀的方法。这种方法在棚室栽培中的效果很好。

2. 诱杀

目前生产中已大面积示范推广蓝板诱杀蓟马、黄板诱杀蚜虫、黑光灯诱杀斜纹夜蛾等害虫。

3. 阻隔

对于防治棚室中的蚜虫，除了诱杀方法外，另一种有效的物理方法是在棚室放风口处安装防治蚜虫等害虫进入的防虫网。

4. 驱避

在棚室放风口处挂银灰色地膜条具有驱避蚜虫的作用。

5. 高温

用热水处理草莓苗，可以防治草莓芽线虫。

四、化学防治

选择高效低毒低残留的化学药剂，严格禁止使用高毒高残留农药，优先使用烟熏法、粉尘法。草莓安全生产农药使用准则如下：

① 禁止使用剧毒、高毒、高残留，有致畸、致癌、致突变作用，以及无农药登记证、生产许可证、生产批号的农药。

② 提倡使用矿物源农药、微生物源农药和植物源农药。常用的矿物源药剂（预制或现配）有波尔多液、氢氧化铜、松脂酸铜等。

行家指点

矿物源农药是源于天然矿物原料的无机化合物和石油类农药，包括硫制剂，如硫悬浮剂、可湿性硫、石硫合剂等；铜制剂，如王铜、氢氧化铜、波尔多液等；以及矿物油乳剂等。生物源农药是指利用生物活体或生物代谢过程中产生的物质，或从生物体提取的物质，作为防治病、虫、草害的农药，包括动物源农药、植物源农药和微生物源农药。

③ 合理使用化学农药。根据田间的病虫害种类和发生情况选择农药，防治病害以保护性杀菌剂为基础。根据预测预报和病虫害的发生规律，确定使用药剂的最佳时期。要选择合适的施药设备和使用方法，保证使用的农药准确、到位。严格按照农药的使用剂量使用农药。在采收前10～15天，禁止农药的使用，如有特殊情况，必须在植保专家指导下采取措施，确保食品安全。每一个生产者，必须对草莓园中使用农药的时间、农药名称、使用剂量等进行严格、准确的记录。严禁使用未核准登记的化合物。

行家指点

　　同一种类的允许使用的药剂：一般保护性杀菌剂可以使用3～5次；具有内吸性和渗透作用的农药可以使用1～2次，最好只使用1次；杀虫剂可以使用1～2次，最好使用1次；严格按农药的安全间隔期使用农药。

五、生产有机草莓病虫害防治原则和方法

要点提示

　　有机农业病虫害防治的基本原则是从作物—病虫草等生态系统出发，综合应用各种农业、生物、物理防治措施，创造不利于病虫滋生而有利于各类自然天敌繁衍的生态环境，保持农业生态系统的平衡和生物多样化，减少各类病虫所造成的损失，逐步提高土地再利用能力，达到持续、稳产、高产、优质的目的。有机农业的病虫害采取预防为主的策略，使作物在自然生长的条件下，依靠自身对外界不良环境的抵御能力提高抗病虫的性能，通过改变病虫的生态需要来调控其发生，将农作物受病虫的危害程度降低到最低。

　　草莓生产虽然病虫害种类较多，但在严格按有机生产标准条件下可以做到有机生产，不仅质量安全，而且经济效益显著。

　　有机草莓生产中病虫害防治的基本方法如下：

　　① 优先采用农业措施，通过合适的能抑制病虫草害发生的栽培技术，如采用抗（耐）病虫品种、平衡施肥、培育壮苗、覆盖、深耕晒土、清洁田园、轮作倒茬、间作套种等一系列措施等控制病虫害的发生。

　　② 创造适宜的环境，保护和利用病虫、杂草的天敌，通过生态技术控制病虫草害的发生。

　　③ 尽量利用灯光、色彩等诱杀害虫，采用机械和人工方式除草以及热消毒、隔离、色素引诱等物理措施。

　　④ 特殊情况下，可采用有机认证机构允许使用的可以用来控制病虫害的植物源、动物源、微生物源、矿物源农药（表6-1）。

　　⑤ 使用表6-1未列入的物质时，应由认证机构按照下述的评估准则对该物质进行评估。

　　一是该物质是防治有害生物或特殊病虫害所必需的，而且除此物质外没有其他生物的、物理的方法或植物育种替代方法和（或）有效管理技术可用于防治这类有害生物或特殊病害。

　　二是该物质（活性化合物）源自植物、动物、微生物或矿物，并可经过物理处理、酶处理或微生物处理。

　　三是有可靠的试验结果证明该物质的使用不会导致或产生对环境不能接受的影响或污染。

　　四是如果某物质的天然形态数量不足，可以考虑使用与该自然物质性质相同的化学合成物质，如化学合成的外激素（性诱剂），但前提是其使用不会直接或间接造成环境或产品污染。

　　五是不允许使用人工合成的除草剂、杀菌剂、杀虫剂、植物生长调节剂和其他农药，不允许使用基因工程生物或其产物。

表6-1 有机作物种植允许使用的植物保护产品物质和措施

物质类别	物质名称组分要求	使用条件
植物和动物来源	印楝树提取物及其制剂	
	天然除虫剂（除虫菊科提取液）	
	苦楝碱（苦木科植物提取液）	
	鱼藤酮类（毛鱼藤）	
	苦参及其制剂	
	植物制剂（丁子香酚、蛇床子素等）	
	植物来源的驱避剂（薄荷、薰衣草）	
	天然诱集合杀线虫剂（如万寿菊、孔雀草）	
	天然酸（如食醋、草醋、木醋和竹醋等）	
	蘑菇的提取物	
	牛奶及其奶制品	
	蜂胶、蜂蜡	
	明胶	
	卵磷脂	
矿物来源	铜盐（如硫酸铜、氢氧化铜、氯氧化铜等）	不得对土壤造成污染
	石灰硫黄（多硫化钙）	
	波多硫黄	
	石灰	
	硫黄	
	高锰酸钾	
	碳酸氢钾	
	碳酸氢钠	
	轻矿物油（石蜡油）	
	氯化钙	
	硅藻土	
	黏土（如班脱土、珍珠岩、蛭石、沸石等）	
	硅酸盐（硅酸钠、石英）	

（续表）

物质类别	物质名称组分要求	使用条件
微生物来源	真菌及真菌制剂（如哈茨木霉菌、寡雄腐霉、白僵菌、轮枝菌等）	
	细菌及细菌制剂（如枯草芽孢杆菌、多黏类芽孢杆菌、苏云金杆菌（即Bt）、短稳杆菌等）	
	释放寄生、捕食、绝育型的害虫天敌	
	病毒及病毒制剂（如颗粒体病毒等）	
其他	氢氧化钙	
	二氧化碳	
	乙醇	
	海盐和盐水	
	苏打	
	软皂（钾肥皂）	
	二氧化硫	
诱捕器、屏障、驱避剂	物理措施（如色彩诱器、机械诱捕器等）	仅用于诱捕器和散发皿内驱避高等动物
	覆盖物（网）	
	昆虫性外激素	
	四聚乙醛制剂	

注：本表内容引自《GB/T 19630.1—2005》。

后 记

　　草莓是我国水果生产的重要品种，近10年来，草莓种植面积和产量发展迅速。据农业部统计，到2012年底，我国草莓栽培面积已达150.8万亩，总产量276.1万吨，成为世界第一鲜食草莓生产大国。到2014年底，江苏省草莓栽培面积达28.6万亩，产量43.9万吨，其中，苏南、苏中主要采用大棚设施栽培技术，苏北采用日光温室栽培技术。江苏草莓品质在全国名列前茅，种植效益也在全国处于领先水平，对农业结构调整和农民增收发挥了积极作用。

　　由于草莓生产在江苏存在土壤连作障碍、病虫害发生较重、质量安全亟待提高、种苗生产尤其是脱毒种苗生产跟不上生产发展的需求及组织化、产业化程度较低等问题，加上最近几年发展速度很快，许多业主技术水平较低，草莓标准化生产技术还有待提高。为此，优质水果安全生产技术推广协作组组织全省教学、科研及生产技术骨干，编写本书，重点就草莓品种、栽培模式、脱毒草莓种苗繁育及示范推广、优质种苗培育及促成花芽分化、草莓优质栽培配套技术、病虫害综合防治等方面进行了较系统的论述。

　　本书内容紧贴江苏草莓生产实际，图文并茂，通俗易懂，具有较强的实用性和可操作性，可作为农民实用技术培训教材，并适于广大草莓生产者学习应用。

编　者